给孩子的心理学

蔡宇哲　洪群宁　著

世界图书出版公司

北京·广州·上海·西安

图书在版编目（CIP）数据

给孩子的心理学 / 蔡宇哲，洪群宁著. — 北京：世界图书出版有限公司北京分公司，2020.8

ISBN 978-7-5192-7670-6

Ⅰ.①给… Ⅱ.①蔡…②洪… Ⅲ.①儿童心理学—通俗读物 Ⅳ.①B844.1-49

中国版本图书馆CIP数据核字（2020）第131820号

书　　名	给孩子的心理学
	GEI HAIZI DE XINLIXUE
著　　者	蔡宇哲　洪群宁
策划编辑	梁沁宁
责任编辑	梁沁宁
装帧设计	黑白熊
出版发行	世界图书出版有限公司北京分公司
地　　址	北京市东城区朝内大街137号
邮　　编	100010
电　　话	010-64038355（发行）　64037380（客服）　64033507（总编室）
网　　址	http://www.wpcbj.com.cn
邮　　箱	wpcbjst@vip.163.com
销　　售	新华书店
印　　刷	三河市国英印务有限公司
开　　本	880mm×1230mm　1/32
印　　张	6
字　　数	100千字
版　　次	2020年8月第1版
印　　次	2020年8月第1次印刷
版权登记	国字01-2020-1760
国际书号	ISBN 978-7-5192-7670-6
定　　价	42.00元

心理学，让生活更加充满趣味

　　我喜欢心理学，因为心理学的知识总是让人惊叹生活是多么奇妙和精彩。

　　心理学是一门很有趣的学问，谈的是我们自己，还有我们每天都会遇见的人，所以这门学问就在我们的生活中处处发生。比如我们要是看到一个婴儿身旁放着一辆玩具小汽车，一般会不假思索地认为这是个男孩。我们为什么会这么认为呢？

　　我们经常会在媒体上看到一些明星宣称吃哪种食物有很多好处，或是推销某个产品非常好用，但这些明星并不是专家，也不见得经常吃这些食物或使用这些产品，为什么大部分人还是会相信这些人的推荐呢？

　　这些都与我们的心理有关。人们为了能够快速适应环境的变化，有许多自动的应对措施或方法。这些措施或方法在大多数情况下是正确的，对我们会有益处，但是在少数情况下就会有点儿小差错，也许会导致一些问题。当我们了解了这些心理现象及其背后的成因之后，就可以得其利而不受其害。

可惜大部分学生在大学以前很少有机会接触心理学的知识，就算接触过，多半也是零散地看到某些关于精神异常或情绪障碍的文章，所以会很容易误解心理学都是在谈这些精神异常的状况。其实这只是心理学的一部分而已，心理学还有更多有趣的生活化的知识。

这本《给孩子的心理学》向读者介绍了很多有趣的生活中常见的心理学知识，希望这本书使读者知道心理学知识其实是一种很生活化、很有趣的科学知识，也是不分老幼都能够了解并体会的实用知识。

这本书的出版还有另一个重大的教育意义。本书的另一位作者洪群宁是心理学系的大学毕业生，他非常热衷于心理学知识的推广。我认为知识的推广不能只依靠老师，学生不是单纯的知识接收者，还可以同时扮演知识传递者的角色。如果学生可以将所学的知识整理并传达出来，那么他对所学的知识也会有更深刻的理解，也能够获得分享知识的喜悦。分享知识的学生越多，知识的传递才会越快、越广。

懂一些心理学知识或许不会让你考试立刻得高分，体育成绩马上变好，但可以让你更了解自己，让你知道如何变压力为动力、如何调适自己的紧张心情，还能让你觉得观察周围的人或事是非常有趣的，让你对这个世界充满好奇。这些不仅会给我们的学习带来帮助，还会给我们的生活增添趣味和色彩。

欢迎来到有趣、神奇的心理学世界！

中国台湾高雄医学大学心理学系　蔡宇哲

目 录
CONTENTS

吃饱睡好
精神好
Part 1

忍住看漫画的冲动吧！
——棉花糖实验

下星期就要考试了，小新觉得自己应该开始好好复习了。他对自己说，不管怎样都要抱个佛脚才行。但是他在把课本拿出来时，看到了一本他很喜欢的漫画书，于是心里想：先把这本漫画书看完再开始复习吧！然而这个决定仿佛使他掉进了一个深渊，从原本只打算看一本漫画书，变成再看一本、两本、三本……

就这样，在那个晚上，小新的确是看了不少书，不过他看的都是漫画书，而不是课本！

我们也许对这样的故事一点都不陌生，因为小新仿佛是我们的化身，我们也曾在许多个应该翻开课本读书的夜晚，被漫画、动画片、电脑、游戏等干扰了。我们也曾明明知道应该排除杂念、专心做正事，心里却一直有股冲动，想放下正事来满足自己内心的欲望。

心理学家对研究这种控制内心冲动的能力非常感兴趣，其中有个经典的"棉花糖实验"甚至认为，这种能力可能会影响人们长大后的成就。让我们来看一看"棉花糖实验"到底是怎么做的吧！

立刻吃棉花糖，还是忍住不吃？

如果把棉花糖放在四岁孩子面前，在没人监视的情况下让他们忍住不吃，他们真的能够忍住吗？还是他们会马上抓起一块就塞进嘴巴呢？

20世纪60年代，美国斯坦福大学心理学系的华特·米契尔（Walter Mischel）教授就做了一个这样的有趣的实验。他把一个孩子带进一个房间，让他坐在一张放着一颗棉花糖的桌子旁边，然后对他说：如果你可以十五分钟内不吃掉棉花糖的话，那么我会再给你一个当作奖励。说完之后，他就离开房间，只剩那个孩子和桌子上的棉花糖。

在观察了上百位孩子的反应后，米契尔教授发现：有的孩子确实可以忍住想吃棉花糖的冲动，为了得到更多的棉花糖而在十五分钟内不吃桌子上的棉花糖。但有些孩子却一刻也不能等，人一走后就把棉花糖塞到嘴巴里，完全不考虑是否可以得到更多棉花糖。

　　他将这个观察到的现象叫作"延迟满足"。简单来说，就是某个人是否可以在急于得到某种东西时再忍一下，而不是急着在这一刻就让自己得到满足。以棉花糖实验为例，那些能够忍住冲动，晚一点儿再吃棉花糖的孩子，就是"延迟满足"的能力比较好，因为他们可以克制自己在拿到棉花糖的那一刻就急着满足自己想吃的冲动。

　　值得一提的是，这个研究没有止步于这个实验本身，米契尔教授还追踪了这些孩子往后十年的日常生活、人际交往能力、学习表现。他发现了一个非常令人吃惊的结果："当初能够克制冲动、没有立刻吃棉花糖的孩子，长大后在学业、生活、人际关系等方面的表现都比较好！"

　　不只这项棉花糖实验，泰瑞·莫菲特（Terrie E. Moffitt）于2011年也发表了一个研究，他持续调查了约一千名小孩从小到大的生活情况，同样发现如果人们在小时候的自我控制程度较高，可以控制自己，不吵闹、不提无理要求的话，长大后身体就会比较健康、收入会比较高，触犯法律的概率也比较小。这表示能够控制自己的冲动特性，对一个人的生活、学业与成就都有很大的帮助。

忍住不吃，其实得到的更多！

为什么当初能忍住冲动的孩子，在长大后的表现会比较好呢？

研究者发现，这些孩子比其他人拥有更多的"意志力"——也就是在遇到冲动或是外在诱惑时，比较不会被干扰，能坚持自我。因此长远来看，这些孩子能够让自己得到更多好处。譬如在课堂中能够忍住跑去球场打球的冲动、认真听课的人，放学之后能够忍住看电视的欲望、认真做完作业的人，甚至是在美好的假日里能够忍住无聊、把乐谱练习完的人，日后的表现会比他人好一些，获得成就的概率也会比他人更高一些。

或许有人会觉得此刻没有立即享受的人很傻。但换个角度想，那些人得到的好处其实更多。虽然当下他们无法立即就享受到棉花糖的香甜，但是之后他们可以得到两倍的棉花糖，甚至是更多的奖励。而且在日常生活中也是如此——如果能先忍住自己的冲动，之后就会有很好的回报。譬如此刻不赖床，就会换来更多的学习时间；睡前忍住玩游戏的冲动，就能换来更多的睡眠时间……

一起锻炼意志力吧！

看了上面的例子，你是不是也希望自己是个有意志力的人呢？在此告诉大家一个好消息："意志力"是可以通过练习增强的！

那该如何增强自己的意志力呢？答案就在当初米契尔教授观察到的一个有趣现象中——能忍住冲动的孩子，似乎都具有"不去注意棉花糖"的共通性。

他发现，那些成功克服自己想吃棉花糖的欲望的孩子会试着让自己不要一直看着棉花糖，因为越是看着它就会越想要吃掉它，有哪个孩子天生能克制对香香甜甜的棉花糖的欲望呢？所以唯一的办法就是不注意它。有的孩子用双手捂住眼睛，让自己不去看桌上的棉花糖；有的孩子则是在那十五分钟里专心地玩弄自己的手指头而不看桌子上的棉花糖；甚至有人直接背对着桌子上的棉花糖。他们都用尽各种方法不让自己看到棉花糖，以摆脱棉花糖的诱惑。

同样，在面对生活中的诱惑或冲动时，我们也可以试着用"不去注意"的小诀窍来培养自己意志力，尝试让自己去做些别的事情（比如专心读有趣的书、专心画画），甚至干脆换个情境不要再去想它（比如直接转身背对棉花糖）。不论选择哪种做法，唯一不变的核心是：记住自己要做的是什么，以及不要做的是什么。只有这样，才能清楚自己在那种情况下应该如何应对。

所以，下次遇到像开头小故事中那样的情况（例如快要考试）的时候，请记得提醒自己，该做的是复习功课而不是再翻开漫画书。当想看漫画书的冲动又出现时，若害怕自己无法克制看漫画书的欲望的话，那就狠心一点，直接把漫画书放到自己看不到的书柜里吧！

面对巧克力饼干的诱惑，拒绝还是接受？
——珍贵的意志力

再过三天，小杰和小新就要面对本学年的最大魔王——期末考试了！两人既然是好朋友，当然要互相督促，好好把握剩下来的这几天。

小杰："我们一起去图书馆读书吧，再怎样都要临时抱一下佛脚。"

小新："好呀，反正那里在考前是二十四小时全天开放。"

两人充满斗志地走进图书馆，找好座位后，便拿出一沓厚厚的模拟试卷来练习，时间就在这努力的氛围下不知不觉地过去。

小杰："哎哟，小新，突然好想吃薯条！"

小新："不行，我们说好要做完三份试卷再休息。"

小杰："可是我现在满脑子都是薯条、鸡排、炸鸡，完全无法专心思考呀！"

小新："真受不了你！"

谈谈意志力

你或许有过这样的经验：每当要熬夜读书或是打算好好学习一天时，似乎特别容易嘴馋，老想吃东西，脑海中也频频冒出薯条、鸡排、汉堡等高热量垃圾食物的画面和香味。这到底是为什么呢？该不会是想要用吃来逃避读书吧？

其实，这是因为长时间专注做同一件事，是需要消耗意志力的。意志力是什么呢？在这里我们暂且把它想象成一种能量，能够帮助我们坚持较长时间去做想做的事的能量，譬如可以让我们有能力整晚坚持学习，让我们能跑完八百米，等等。不过，意志力这种能量并不会无限地让我们使用，它也有被用完的时候。另外，这种能量在每个人身上的数量并不一样，譬如在前面的例子中，小杰的能量就比小新的少，因为他还没写完三份试卷就坚持不下去了。

一个巧克力饼干的实验

科学家是怎么知道意志力是有限的，而且是会被消耗完的呢？

接下来我们来看一个非常有趣的实验。美国佛罗里达州立大学的教授罗伊·鲍梅斯特（Roy F. Baumeister）和他的研究团队对于意志力这个研究课题非常感兴趣，他们想要知道意志力到底是不是有限的，便做了以下的实验：

首先，他们邀请一群大学生来参与这项实验，并将他们分成A、B两组。两组学生都会被带进一个房间，房间里摆着刚烤好的香喷喷的巧克力饼干，以及毫无吸引力的萝卜干。可是两组接收的指令完全不同：A组的运气比较好，他们能够随心所欲地享用桌子上香甜的饼干；B组的运气比较差，他们不能享用这些巧克力饼干，只能吃那些没什么味道的萝卜干。

对于A组的同学来说，他们不需要克制自己，可以随时想吃就吃；但是对于B组的同学来说，他们需要因为克制想吃巧克力饼干的冲动而损耗许多"意志力"，因为在面对香喷喷的巧克力饼干的时候，他们不但需要消耗许多能量来使自己不去伸手拿那些充满诱惑的饼干，还要强迫自己啃不好吃的萝卜干！

消耗能量会让表现变差

上面的巧克力饼干实验还不只如此，鲍梅斯特教授除了安排两组大学生处于可以吃和不准吃巧克力饼干的两种情境外，在这之后他又要求他们做一道困难的数学题。那么，我们不妨来猜猜，哪一组愿意花更多的脑力去解这道题目？

你答对了吗？是A组！

因为A组的同学在之前面对巧克力饼干时可以尽情地享用，不需要耗费任何意志力来克制自己的行为；相反，因为B组的同学之前已经损耗了太多意志力，所以在后来面对困难的数学题时，就会缺乏能量，他们一般会比较快地自动放弃需要耗费能量、动脑筋才能完成的数学题。

从这一连串的实验里，鲍梅斯特教授得出了关于意志力的结论，那就是意志力确实是一个有限的能量，而且意志力在当前事件上的消耗会影响后续事件的表现。正如本节开头的小故事里讲的那样，当我们耗费意志力去熬夜读书时，就会导致自己不能克制吃垃圾食物的欲望。

如何保存自己的意志力呢？

看了上述的分析你是不是有点担心呢？难道我们只要做了一件需要消耗意志力的事，就必然会影响后续事件中的表现吗？别怕！现在为大家提供两个破解的小技巧：

一、能量层面

正如口渴了就要喝水、肚子饿了就要吃东西一样，能量的消耗也是如此，缺什么就去补什么。其实，意志力的多少，跟我们体内拥有多少葡萄糖有关系。

简单来说，当我们耗费了太多能量后，吃东西是个不错的补充方法。但是，并非所有的食物都能带来正面的补充，比如那些高油、高糖的垃圾食物（例如：鸡排、薯条、蛋糕）就是不好的选择。最好的选择是吃一些被认为"升糖指数"较低的健康食物，譬如蔬菜、水果、五谷杂粮面包等。

二、策略层面

既然知道当我们连续做了好几件困难的事情后，会因为消耗太多意志力而导致后来的表现受影响，那么我们就该换个角度思考，从策略层面下手，让自己在做重大决定或者做重要的事情之前不要消耗过多能量，或是让自己那一天就做这一件重要的事。万一实在无法避免，需要一次做很多件事情的话，那就尽量让自己做完一件事情之后休息一会儿，并且补充足够的能量。

如何锻炼自己的意志力

虽然意志力是有限的，但是我们还是能够通过一些练习来让自己意志力的能量变得多一些。

譬如采取和平常不一样的方式来做事，习惯使用右手的人可以试着用左手来开门或写字；或是找一件小小的目标，让自己试着努力去达成，例如要求自己一整天不论坐着或走路的时候都要抬头挺胸。

为什么做这些练习就能够帮助我们提升意志力呢？因为在做这些练习时，我们必须运用或多或少的意志力让自己坚持下去，在这个过程中，我们的意志力就像肌肉一样会越练越强壮。只要我们多去训练自己坚持下去，就能够增强意志力。所以从现在开始就来试着训练吧！

愿望成真的要诀
——目标和计划的重要性

"啊！有流星，快许愿！"

"我要每次考试都得一百分，我要每次考试都得一百分，我要每次考试都得一百分！"

"我要跑步得第一名，我要跑步得第一名，我要跑步得第一名！"

"我要练好钢琴，我要练好钢琴，我要练好钢琴！"

看到流星时，很多人都会满心欢喜地许愿，仿佛讲出自己的目标与梦想就会比较容易达成它们。于是，我们看到流星要许愿，过生日切蛋糕前要许愿，过新年时也要许愿……

我们许的这些愿望通常是只要自己持续努力就可以达成的，但是如果许一些奇怪的愿望，例如要当超人、航海王之类的，可就不是美好的愿望了，因为这做不到啊！不过，即使是可以达到的目标，光是嘴上说说是不够的，必须对自己的目标有进一步的具体计划，并且实施这些计划，才会容易达成目标，实现愿望。

这么说是有根据的。心理学家戈维哲（Peter M. Gollwitzer）和布兰兹达特（Veronika Brandstatter）曾进行一项实验，来了解学生对于想要完成的目标有没有事先规划，对日后目标的达成度有多少影响。他们预期事先做过规划的人，达成目标的可能性会比较大。

在这个实验中，他们要求参与实验的大学生完成一些作业，有困难的，也有简单的。同时，他们会询问这些学生，对于完成这些作业是否规划了具体的执行方法，例如什么时候完成、在哪里完成、怎么完成等问题。等作业交上来之后，他们再分析这些作业的完成程度与事先规划是否有关。

结果显示，如果作业是简单的，那么不管有没有事先规划，大约都有80%的学生能够完成。但困难的作业就不一样了，在事先规划了执行方法的学生中，有60%的学生顺利完成作业；而在那些没有规划执行方法的学生中，只有20%的学生能够完成。这和我们的生活经验告诉我们的相当一致：简单的工作大家都能完成，但是对于困难的工作，要是没有做一些规划，只是单纯想想的话，最终完成的可能性是不高的。

不过，上面的分析结果也可能是因为能够完成的学生本来就动机比较强，所以本来就会事先规划。那么，他们较容易完成作业的原因到底是事先规划的功劳，还是动机比较强呢？

于是，研究者做了第二个实验。他在圣诞节前要求参加实验的学生写一份报告，而且必须在圣诞夜之后的四十八小时内完成并提交。他要求其中一半的学生一定要先规划如何完成报告，比如在什么时间和什么地点写报告，另外一半的学生则没有被要求。结果他发现，被要求拟订计划的学生中，有71%的人在规定时间内提交了报告，没有被要求拟订计划的则只有32%的人完成。

这个实验证明，对目标拟订具体规划的确是有帮助的。当我们对于目标的达成拟订了计划，目标就相对更容易实现；如果我们只是在心里想想，却没有实际规划应该如何达成这个目标，就会比较不容易实现它。

为什么会这样呢？让我们来想象一下，没有规划具体的执行方式会怎么样。

以这部分一开始我们提到的愿望"希望考试得一百分"为例，要达到这样的目标需要做什么呢？当然是好好学习啊。如果没有特地规划出学习时间的话，一旦出现空闲时间，我们可能就会开始想："现在有一小时的时间，我是学习还是去找小新玩？""如果不去找小新玩，他明天可能就没空了。""隔壁的小强养了一只好可爱的猫，我想去他家看一下那只猫。""不行！我都说要考一百分了，所以我要多花时间来学习，还是把这段时间用来复习吧！""妈妈在做饭，晚餐的味道好香呀，好像有炖肉的味道，好想吃。"……

我们似乎对以上的情况有点熟悉，对不对？当我们没有规划时，必须先想要不要做、在哪里做、有没有其他选择等，这样的话就需要考虑很长时间，到最后做决定时就已经浪费了很长时间。而且当你持续地考虑、做决定时，也会消耗意志力的能量呢！意志力的能量是有限度的，一旦用完了就很难持续专心工作下去。因此，如果没有事先规划好执行方式，在做之前就还要先在脑海里做决定，就已经把意志力消耗掉很多了，所以也就无法专心、持续地做接下来的工作。

所以，规划好执行计划的好处，就是不需要想来想去做决定，直接按计划进行就可以。这样也不需要耗费意志力来做决定，也就可以保留更多能量，让接下来的工作可以做得更专心、持续时间更长。

所以，千万要记得，只许愿是不够的，不会有魔法或是小精灵出来帮忙把目标完成。这需要我们自己动动脑，想一想该如何执行它，把计划要达成目标的方法写下来，之后再动动手，一步一步地去做。这样，在不知不觉中，我们就会发现自己已经达到目标了！

睡觉是浪费时间吗？
——睡眠与表现

"小新，可以借我抄一下作业记录本吗？"

"怎么又没抄到？不是写在黑板上了？你该不会又晚睡了吧！"

"你又不是不知道昨天晚上出了一集最新的漫画，我想要赶快知道剧情的发展，所以就看到一点多才睡觉。"

…………

睡觉也能研究吗？

随着年龄的增长，我们有更多事情要做，不仅作业量变大了，就连我们接触到的好玩、新鲜的事情也变得多了。所以，我们只好牺牲睡眠时间来做这些有意思的事情。这样做虽然好像使时间变多了，却可能因为睡眠不足导致自己在白天的精神状况变得更差。

　　睡眠到底如何影响我们白天的表现？两者之间又有怎样的关系？全世界许多科学家都对这个问题很好奇，也做了研究来探索这个问题的答案。

　　在2006年，意大利的科学家朱赛佩·柯西欧（Giuseppe Curcio）整理了其他科学家的研究之后发现，如果晚上没有睡好，不仅会使我们在白天上学、工作时更容易打瞌睡，甚至会影响我们在白天的注意力、记忆力以及行为表现。

　　科学家是怎么研究睡眠呢？他们通过观察、记录受试者的睡眠时间长度、睡眠品质、半夜起来几次、入睡及起床时间等，来得知受试者睡眠的状况。有时候科学家还会邀请受试者到实验室里睡觉，来调整受试者睡觉的时间，譬如要求他们在半夜两点睡觉，早上七点起床。

　　除了睡眠状况，科学家还会调查受试者白天上学或工作时的表现，例如学习成绩、打瞌睡的次数、注意力集中程度、对测验的记忆表现等。有时候科学家甚至会去访问家长及老师，以全面地评估受试者的状况。科学家从这两项结果（睡眠与白天上学或工作的表现），就可以分析哪种睡眠状况可以使人们在白天有较好的学习或工作表现，并且较少发生打瞌睡的情形。

睡眠真的很重要

睡觉这件事情，不只是躺在床上，闭着眼睛，做个梦这么简单。在这段睡觉的时间里，人们的大脑能够重新调整，这可以使白天所学知识的记忆更加牢固，同时这段时间也是让我们的身体恢复能量的关键时间段。

在过去的众多研究中，科学家发现在校园里表现比较好的学生，都有一些类似的情况，例如早睡早起、每晚至少睡八小时，而在假日不上课时，也坚持早睡早起的习惯。良好的睡眠习惯会让人在白天较少出现打瞌睡的行为，上课或工作时也能够集中注意力，同时能够让人比较容易记住所学的事物。

至于什么才是良好的睡眠呢？在科学家的研究中有很多种说法，不过普遍来说就是睡眠没有中断、睡眠充足（青春期以前每天约需八至十小时），而且作息是规律的（每天入睡、起床的时间都差不多）。

睡眠不足会导致什么结果呢？严重者会魂不守舍，

也就是做事不能专心，意志力下降，整体表现变差，甚至变得爱吃垃圾食物，想变瘦却瘦不下来。因为当睡眠不足时，一方面，大脑中前额叶的活动量会下降，前额叶是大脑中负责做计划、理性控制的区域；另一方面，大脑中关于冲动、欲望、非理性的区域（如杏仁核）的活动量会大大增加，从而导致我们抵挡不了内心的欲望。

如何改善睡眠？

睡眠的重要性，大部分人都知道，只是有时候实在没法做到保持规律性睡眠。特别是在青少年时期，如小学升初中、初中升高中时，上学时间段的调整使起床时间提前、在校时间变长，以及科目变多、程度变难、复习时间变长，同时也可能面临家庭变化、人际关系变化等，这些因素都可能导致我们想睡也不一定能睡得好。

那么怎样才能改善这种情况呢？以下我们提供几个方法：

一、充足睡眠

想睡的时候就赶紧到床上睡吧，别再忙于学习或游戏。如果真的有很多必须完成的作业，那也尽量让自己保证有连续的八小时睡眠。曾经有研究发现，在连续四天每天只睡五小时之后，人们的注意力就会下降，从而导致学习效率变低。

二、作息规律

试着让自己每天都在差不多的时间入睡、起床，就算在假日也如此，让身体拥有好的生物钟。尽量不要熬夜到白天才睡，也不要牺牲睡眠来做其他的事。

三、放松减压

有时候睡不好的原因来自压力的干扰，例如担心下个月有重要的考试，或者有麻烦的事情需要处理。内心有许多令人烦恼的事情很可能会影响睡眠。

这时候，可以先试着理清压力的来源，去思考到底是什么事情让自己烦心，这件事是真的很棘手，还是只是自己想象出来的；然后运用适当的放松训练，当紧张或压力来袭时，练习深呼吸，把注意力放在呼吸的动作上，观察自己的一吸一呼，让自己不再一直想那些恼人的心事。

四、打造环境

想睡又睡不着，有时候可能是因为没有好的睡眠环境，譬如你要睡了，家人还在大声聊天；或者该睡觉了，你却躺在床上玩手机。

当睡觉的氛围被破坏了，怎么改善呢？首先，要给自己营造安静的环境，关上房门，关掉电灯。其次，让自己想清楚这一点：躺在床上就是要睡觉，别的事情都先放一放吧！因为保证充足的睡眠，才能在第二天更好地做其他事情。

五、运动饮食

许多人都知道规律运动有助于改善睡眠质量，但是究竟怎么做呢？

一般建议是做有氧运动，譬如跑步、骑脚踏车、快走等，每次至少维持二十分钟且一周进行两次以上。至于是在白天还是晚上运动，可视自己的状态而定，但要避免在睡前两小时内做剧烈运动。在饮食方面，则建议尽量不要在睡前两小时内吃得太饱，且避免辛辣的食物。

人生有三分之一的时间在睡觉，这三分之一时间的品质好坏决定了另外三分之二时间的质量。当我们没有睡好、睡不够时，白天也会无法好好表现，因此请别看轻睡眠的重要性。

人为什么会做梦？

——睡眠与梦的关系

"我昨天晚上做了一个梦，好可怕呀！"

"我很少做梦，真羡慕可以做梦的人，感觉很有趣。"

"做梦才不有趣呢，我几乎每天都会做梦，害得我睡眠质量很差。"

其实几乎每个人每天晚上睡觉时都会做梦，差别是记得或不记得而已。到底睡觉和做梦有什么关系呢？人们在什么情况下才会做梦？这件事让很多人都很好奇，直到有一天，有一位科学家发现了一个关于睡眠的秘密。

快速眼动睡眠与梦

1953年，阿瑟林斯基（Aserinsky）在一次偶然的机会，观察到他的孩子在睡觉时眼睛虽然闭着，但是每隔一段时间他的眼球就会快速地转动，转了一阵子后又不转了，过了大约一小时又开始转动，就这样在晚上睡觉时周而复始地出现眼球转动的现象。

阿瑟林斯基又持续观察了很多人，发现他们睡觉时都会有这个现象。因此，他就把这种虽然在睡觉，但眼球会快速转动的时期称为"快速眼动睡眠"（Rapid Eye Movement Sleep），把睡觉时眼球没有快速转动的时期称为"非快速眼动睡眠"。人们整个晚上的睡眠就在这两种状态下交互变化。

快速眼动睡眠和做梦有什么关系呢？关系可大了，许多研究者都发现，如果在快速眼动睡眠时把人叫醒，有超过八成的人能说出自己正在做的梦的内容。所以人们推测，梦的发生是与快速眼动这个特异的睡眠阶段联系在一起的。

每晚都会做梦吗？

在整晚睡眠当中，快速眼动与非快速眼动睡眠是交替循环出现的（见下图），每个循环周期约为九十分钟，每晚大约会循环四五次，也就是会有四五次快速眼动睡眠阶段。

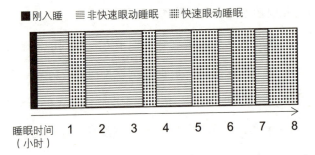

研究发现，如果把人从快速眼动睡眠中叫醒，有百分之八九十的人表示自己做了梦。由此可知，快速眼动睡眠与梦的发生有极大的关联。不过也有研究发现，把人从非快速眼动睡眠中叫醒时，他们也有可能表示自己正在做梦，这个比例为75%。为什么不同研究得到的比例会有这么大的差异呢？这是因为在研究方法上的细节差异可能会导致结果有所不同。

研究梦的难处
早期，为了研究人在刚入睡时脑电波有什么特殊表

现，研究者找受试者到实验室里睡觉，在特定的时间把
他叫起来，问他有没有睡着，要求受试者回答他是"睡
着"或"醒着"。但事情并不是这么简单，把人唤醒
后，研究者得到的答案有"不知道""既没有睡着也不
是醒着""混沌状态""无法确认"等。

由此可见，人对于意识状态的变化多半是模糊不清
的，要得到精确的答案，必须先对所评估的状态有深入
的了解，只以个人生活经验来推论是不够的。

梦的研究也有类似的问题，一般人会觉得研究做梦
很容易，把参与者唤醒后问他刚才有没有做梦，有就是
有，没有就没有。但是其中有一些细节会造成不同的结
果。分析如下：

一、问法不同

"你刚才有没有做梦？"这样的问题不够精确，因
为每个人对于梦的定义与认知有所不同。若换成"刚才
有没有什么想法飘过你的脑海""有没有什么影像飘过
你的脑海"等问题，得到的结果可能就会略有差异。

因此，现在的研究都会把梦做比较清楚的定义，例
如他们会这样描述，"你是否感觉刚才在做梦，或者脑

海里有一个既长又奇异的故事，其中的影像总是很快速地消逝"。

二、梦的记忆

梦的研究还有第二个困难，也是最大的困难，那就是梦的记忆。一般人会直觉地认为有没有做梦是很清楚明白的事，但实际上并没有这么简单。有可能有人做了梦却忘了，清醒后不记得他做过梦。所以一个人即使做了梦，也有以下两种情况：

做梦＋有记忆＝认为自己做了梦

做梦＋无记忆＝认为自己没有做梦

因此一般人们说他有没有做梦，主要取决于他记不记得自己做过梦，而不是他是否真的做过梦。

从上述的信息，我们可以估算：每个晚上睡觉时，人们大约有五次快速眼动睡眠，每次快速眼动睡眠会有百分之八十的概率做梦，那么理论上每晚至少应该会做三四次梦才对，但大部分人只会记得一个梦，甚至不记得自己做过梦。可见梦的记忆对研究梦的影响有多大。

　　在什么时候醒来才容易记得自己做的梦呢？在做梦的时候或是梦刚结束时醒来，是最容易记得的。因此我们早上醒来如果记得自己做的梦的话，多半是醒来前做的，也就是那天晚上最后一个梦。

做梦会导致睡不好吗？

　　有些经常做梦的人会认为做梦是不好的，因为做梦会让他们的睡眠质量很差，让他们感觉很疲劳，也就是多梦是"因"，睡不好是"果"。不过事实正好相反。由前面的内容，我们可以知道睡眠与梦有几个特点：

　　1. 一般情况下，人们每晚会有四到五次快速眼动睡眠。

　　2. 在快速眼动睡眠时醒来，会有大约80%的人认为自己做了梦。

　　3. 人们一般每晚会做大约三四次梦。

　　4. 在做梦的时候或者梦刚结束时醒来，人们会比较容易记得他们的梦境。

综合以上几点，人们要在某个晚上记得好几个梦的话，就必须在睡眠中多次醒来，而且醒来的时候恰好是在梦中或者梦刚刚结束，才有可能记得多个梦境。换句话说，是因为在睡眠中经常醒来才会记得他做了好几个梦，经常醒来人们自然会觉得自己没有睡好了。

所以实际情况是，因为睡不好而导致人们记得自己做了很多梦，而不是做了很多梦导致人们睡不好！

面对社会
你我他
Part 2

在《国王的新衣》这个童话里，国王听信了裁缝师的谎言，以为自己穿上了世界上最轻柔，也是聪明人才能看得到的衣服，洋洋得意地向民众展示自己的新衣服，实际上他是光溜溜地走在大街上。但是奇怪的是，明明所有大人都看到了国王没有穿衣服，为什么大家还会相信裁缝师说的话，而不相信自己的眼睛，以至于一直以为国王穿着美丽的衣服呢？

除了童话故事外，我们在日常生活中也可以发现类似的情况，那就是明明是同样一段话，却会因为说话者的不同，而导致影响力的差别。

比如我们有一道艰深的数学题不会做，要去请教老师时，如果由体育老师来讲解答案的话，我们就会觉得怪怪的，似乎体育老师的说服力比不上数学老师。而有与运动相关的问题时，我们就会直接去找体育老师而不是数学老师，感觉还是找专家比较好。除此之外，我们总是很相信某些专家所说的话。例如药品、食品等广告总是会找医药专家或者营养专家来代言。人们一般看到专业的人说这些产品好，就会认为这些东西真的好，也会比较安心。但是，事情的真相真的是这样吗？

在日常生活中，我们常常会不自觉地认为某些专家说的话必然是对的。这其实是有好的一面，也有坏的一面。对于一个人来说，一辈子不可能了解世界上的每一个道理、每一种知识，最方便的方法就是去听从专业人士怎么说。不过这样的情况很容易导致心理学家所说的"权威效应"。

什么是"权威效应"？

网上流传着一个有趣的在国外发生的课堂故事。在某大学的课堂上，老师邀请一个德国人来，并告诉教室里的学生他就是世界著名的化学家，但其实那个德国人只是一个普通演员而已。那个德国人若无其事地拿出一瓶其实什么味道也没有的蒸馏水，告诉学生在他手上的其实是新发现的物质，有着特别的味道。接着，他询问在场的学生是否闻到了什么味道。实际上这是一杯蒸馏水，当然不会有任何味道，不过许多学生却很肯定地举手回答说，他们真的闻到了一种味道。因为他们认为站在台上的知名化学家说有味道，那肯定就有味道，即使闻不到也要相信专家说的话。

心理学家对这种"专家说了算"的现象很感兴趣。他们想知道，如果专家和一个普通人都说了一个错误的信息，那么大家对于错误信息的接收程度会不一样吗？

研究者让一群人阅读一篇关于人每天需要几小时睡眠的文章，每个人看到的文章大致相同，不同的是文章的结论有很多种，分别是认为睡眠时间从八小时到完全不睡都可以。研究者告诉其中一半参与者，这篇文章是一位曾获得诺贝尔奖的教授写的，同时告诉另一半参与者，这篇文章是一位基督教青年会（YMCA）的经理写的。参与者读完文章后，均会被询问相不相信这篇文章的说法。

结果发现，被告知是诺贝尔奖得主的主张比被告知是基督教青年会经理的还要离谱，前者的文章中人可以完全不睡这么夸张的论点，读者才会拒绝相信；后者只能说到人可以一天只睡两个小时大家就不信了。由此可知，大家对专家讲的话确实都比较相信，而且就算讲得比一般人离谱也没关系，人们还是会倾向于相信的。

这样的结果是不是有点奇怪呢？

这样的心理反映了我们对于生活中的未知常感到不安全，往往会想赶快抓住一个答案才安心。不论是在写考卷还是在生活中，我们在遇到不确定的问题或没有正确答案的问题时，一开始总会对自己没有信心，希望老师能够赶快给一个"标准答案"才能安心。此时专家的说法就成为最好的解答。

但是，生活中并不像在考卷上判断是非那么简单，一个状况的发生经常是许多选择融合而产生的。因此，我们必须清楚，专家所提供的信息并不是唯一的答案，可能还有其他的说法，甚至专家的信息也可能是错的。

既然这样，我们是不是就不要听信他人的说法，即使是专家也不要相信呢？

这样也不见得好。当我们必须对一个完全陌生的领域有些许了解时，就好比是从头学习一门新的知识，需要花好多时间去寻找资料，也要耗费许多大脑的能量，常常要费尽心力才能略微理解一点。这样实在是太没有效率了，也不是每个人都有这么多时间去学习这些新知识。因此，较为折中的方法就是去听听在这方面有经验的人，也就是专家的说法。

所谓的"权威效应"，正是指一般人在遇到自己比较不熟悉的情境时，通常会优先参考专家的说法。以这些方面的经验来说，他们说的话可信度高、安全性也较高，因此我们要是根据他们的说法来做决定，做出错误的决定或说错话的概率就会比较低。

生活中的权威效应

在日常生活中，我们可以发现有许多情景中都隐藏着"权威效应"。

比如运动饮料广告邀请有名的篮球明星代言，会比找个老爷爷代言更有可信度。因为一想到篮球明星，我们肯定会觉得他是运动高手，那么他运动时喝的饮料肯定能提供运动时消耗的营养物质，所以大家会愿意购买那些明星代言的产品。

又比如，电视上卖保健食品的购物节目，常会邀请一些医生、博士在节目中分析产品。因为相对于大众来说，他们就是专业的代表，谈到艰深的医药化学知识时，他们就是"专家"，所以只要他们说这个产品好，那么应该不会有太大的问题，观众就会比较轻易地相信。

面对未知，我们该怎么办？

在面对陌生领域时，我们到底应该怎么办呢？

的确，在需要立刻做出决定时，听从权威专家的话是最保险的一种方法，有时候专家的看法确实非常值得参考，毕竟他们能被称为专家就有其不同于一般人的地方。但是，千万别忘记专家也是人，他的知识也是有限的，所以最好的方法就是将他们说的话当作参考意见，而不是绝对正确的观点。

面对大千世界中的知识，我们不可能一一去深入了解。我们唯一能做的就是尽自己最大的努力去多了解一些知识，从我们感兴趣的地方入手，并试着通过广泛阅读和实践练习，来培养自己的思考能力、收集资料的能力。

有一句谚语是，"三个臭皮匠，顶个诸葛亮"，我们也可以通过大家的集思广益来扩大对世界的了解。这同时也是一个一举两得的方法，既可以亲身去了解自己感兴趣的事物，又能跟身旁的朋友一起讨论，共同成长！

选一个喜欢的水果，来看看你本周的运势：

【苹果】运气平平，但如果留意一点，你会发现意想不到的好事。

【香蕉】能够顺利度过本周，但是要注意，坐久了可能会影响你的身体状况。

【西瓜】可能会有坏事发生，不过只要稍微注意就能够避免。

小力：哎哟！我选了香蕉！这周我一定会走好运啦！

小新：啊？我选的是西瓜，会不会发生坏事呀？呜呜……

课堂上的巴南效应

你相信星座运势分析，觉得那些叙述和你都很符合吗？为什么这些运势分析会这么准呢？有一个可能的原因是那些描述都是模棱两可的。

1948年，美国心理学家伯特伦·佛瑞（Bertram Forer）就特别针对"心理测验"做了深入的研究。

佛瑞教授想知道，人们为什么那么相信心理测验，于是他自己编写了一份心理测验，让班上的学生填写，两周后发给他们一份"专属于他们的"人格分析，但其实每个人的分析内容都一样，而且还是从路边买来的占星书中拼凑抄写而成。这些分析的内容大致如下：

"你渴望受到他人喜爱，却对自己吹毛求疵。虽然你的人格有些缺点，不过大致上你都能够弥补。其实你拥有许多潜能，只是还没有去开发。看似强硬、自律的外在掩盖了你内心的不安与忧虑。有时，你会强烈地怀疑自己的决定是否正确。你不喜欢一成不变，偶尔喜欢变化。你为自己是独立思想者而自豪，不会接受没有充分证据的言论。但你认为对他人过度坦率是不明智的。

有些时候你外向、亲和、充满社会性，有些时候你却内向、谨慎而沉默。有时你总是天马行空，不切实际。"

学生们收到各自的人格分析报告后，佛瑞教授就请大家以分数表达他们认为这些描述与自己相符的程度，要求分数在0分和5分之间，0分代表非常不符合，5分代表非常符合。统计全班的分数后，佛瑞教授发现平均分数是4.26，表示大家认为这份心理测验分析结果的可信度很高，这个结果很准确！

佛瑞教授把这种现象称为"巴南效应"。人们对于他们认为是专属于自己的描述给予了很高的信任，即使这些描述大多十分模糊。例如，"你偶尔心情好，但有时却会为一些小事而伤心"这种看起来说了跟没说一样的句子，很容易就会让我们自动对号入座。类似的句子经常会出现在网上的星座运势分析、心理测验中，这些分析结果中都是一些很广泛的描述，因此我们不管从哪个角度看，都会觉得那些测验很准确。

心理学家的测验 vs. 网上的心理测验

许多人常常把心理学家所使用的心理测验与网上的心理测验混为一谈。其实心理学家使用的测验是非常严谨的，必须经过很长时间的研究累积以及理论验证才能使用。

一般来说，心理测验的目的是帮助人们更了解自己，所以很多人在学校都会接触到。以用来测试适合从事哪个领域职业的"职业取向能力测验"为例，首先心理学家必须通过观察和访问来认识各种工作，接着将大部分职业做分类，并进一步分析从事哪类职业的人具备了怎样的能力，比如画家需要有创意、联想力、冒险精神；警察需要勇敢、正直、公正。

这类心理测验的描述必须精确、明白，不能用一些广泛的说法来敷衍带过。而且在测验中的每一字、每一句，都必须参考科学家的研究、理论、实验证据等，绝对不允许没有根据就写出来。毕竟，这些心理学家使用的测验，往往关系到一个人的未来，或者能判断一个人是否真的有心理疾病。

相对来说，网上的心理测验通常是趣味性的居多，一般没有经过研究，也没有理论依据。

　　或许我们可以来做个小小的实验：先仔细看一个网上的心理测验的问题，并试着推想它背后的依据是什么。例如在这一部分开头讲的有关水果的心理测验，我们试着想想怎么有可能从吃水果就能了解一个人呢？而且有些水果在某些国家很稀有甚至没有啊，这些国家的人该怎么选呢？如果还是有点好奇，那就遮住答案直接看各个描述，我们将会发现每一个说法看起来都很有道理，很符合自己！

可是，还是觉得网上的心理测验很准呀！

　　在认识了巴南效应之后，有些人或许还是会说："那又如何？我还是觉得网上的心理测验很准呀！"

　　当然，如果用模棱两可的说法来描述的话，它是很准的，因为它描述的方式就是模糊到符合多数人的状况啊！

　　就算是学过巴南效应的心理系学生，偶尔也还是会去看看星座运势，玩玩网上的心理测验，因为它们既有趣味性，又能够让自己对于未知的明天有点方向。譬如你看到网上说巨蟹座今天会有好运，或许会使你一整天都带着愉悦的心情期待好运降临，即使最后并没有所谓的好运，但你也算是过了愉悦的一天。

巴南效应其实没有所谓的好与坏，我们并不是让大家以后都不去玩网上的心理测验。毕竟每个人都有权选择要不要相信这些测验，只要记得别让那些测验牵着你的鼻子走就好了。

最后，希望大家能够明白，真正的心理测验跟网上的趣味心理测验是完全不同的。

为什么没有人帮忙？
——旁观者效应

"叮铃铃……"上课钟声已经响起了。

小杰必须赶在上课前将全班的作文本搬回教室，于是他立刻冲到办公室把将近五十本作文本抱起来，向教室跑去。虽然平时看它薄薄的，没什么重量，但几十本摞起来可就不一样了。

在走回教室的路上，小李仿佛捧着一座摇摇欲坠的巨塔，只要重心再不稳一点点，这座巨塔肯定就会像天女散花般洒落一地……

"哎哟！"小李不小心重心不稳，绊了一下，这摞作文本就这样应声散落一地。

为了赶在上课前回到教室，他只好忍痛赶紧蹲下去收拾，他将散落于四处的作文本一本本捡起来，把它们重新摞起来，好不容易才搬回教室。

小李仔细回想，在自己洒落了作文本的那短短一分钟内，身旁明明有三四位同学经过，却没有人出手帮忙。此时小李只能心里暗暗抱怨那些同学没有助人为乐，如果他们肯帮忙捡，他就不会迟到了。

旁观者效应

"为什么明明有人经过，却没有人停下来帮忙呢？"

其实小杰所遇到的状况在生活中很常见，这在心理学上被称作"旁观者效应"，就是当这件事只有一个人发现时，他一般都会比较积极地提供协助；但如果看到的人一多，大家就会觉得事情不一定需要自己帮忙，责任感也会因此被分散掉。

"旁观者效应"经常发生在我们的生活中。比如在走廊上有同学跌倒了，却没有人去帮忙扶他；在路上的同学掉了学生证，却没有人立刻提醒他。看到这些情形，或许人们会觉得在旁边不帮忙的同学怎么如此冷漠。

但是，这真的是因为时代的变迁使人越来越无情，还是其他因素影响了那些同学去帮助别人的意愿呢？

做个实验来确认

在20世纪60年代，美国的心理学家从许多社会事件和生活中，发现了这种共通的旁观者现象。他们开始对到底是人性的改变使人冷漠无情，还是其他原因在背后阻碍我们去协助他人感到好奇。

因此，心理学家达利（John Darley）和拉塔（Bibb Laten）在1968年做了一项实验，来研究这种旁观者的现象。实验内容大致如下：首先达利和拉塔邀请一些大学生来参加一场讨论会，他们让参加的学生先进入一个单人房间，在房间内已有一副耳机和麦克风，告诉他等一会儿要和其他房间的A、B、C三位同学进行讨论。为了让每个人都能毫无顾虑地发表自己的意见，他们选择让参加的人只能听到其他人的声音但看不到彼此，并且讨论以轮流讲话的形式来进行，也就是每个人发言两分钟，其他人不得打断他的讲话。

在进行讨论的过程中，其实A、B、C三位同学的发言都是事先安排好的录音。其中比较特别的是，在轮到B同学的时候，参加的大学生会听到一串奇怪的讲话，"我，我，我，我……觉得……得……有点……不……

不舒服……"。这表明B同学突然因压力很大、身体不舒服而出现发言不连贯的现象。

但是这其实是两位心理学家事先安排好的突发状况，他们想要测试参加的学生会有什么反应，到底在怎样的情况下才会发生"旁观者效应"。

研究结果发现：当参加者在参与讨论的只有两个人，也就是只有"参加者＋B同学"的时候，他们会比较快地跑出房间，寻找其他人去协助B同学。而当讨论的人是四个人时，也就是有"参加者＋A、B、C同学"时，参加者则会比较慢地跑出房门，甚至不会跑出房门通知其他人协助！简单地说，也就是"人少时会立刻反应，人一多则会迟疑甚至不反应"。

为什么会这样呢？

达利和拉塔两位心理学家的结论是，遇到有人需要帮忙的突发状况时，当旁边只有你一个人的时候，你很清楚如果你没有出手协助，对方可能会因此受害，如果最后真的出事的话，你一定会感到内疚。但是，当旁边的人有很多的时候，原本只有你应该做的救人行为，就变成了"你们"应该做的。此时你可能会想，如果自己没有帮忙的话，应该还会有别人出手帮忙，所以你就会迟疑，出手去帮助他人的概率就会减少。

为什么会出现旁观者效应?

其实不论旁观的人多还是少，当遇到突发状况时我们都是不知所措的，尤其是在发生关系重大的特殊情况时，身为旁观者的人会害怕自己做得到底正不正确。例如，人们可能会想:

一、假如贸然出手帮助，但对方并不需要，那只会让自己出糗。

二、假如自己贸然去帮忙的话，对方是否同意自己去帮忙?

三、假如对方确实需要帮忙，但是自己帮忙的方法是否合适，会不会反而对他有害?

这种不知该如何是好的心态反而会让人退缩，但退缩并不一定代表着冷漠，或许只是因为不确定怎样做才是最好的。

有时候旁观的人也会评估对方到底需不需要帮助，比如那些在走廊上经过小杰的同学们，可能觉得小杰只是掉了一些作文本，他可以自己捡起来，也许并不需要别人帮助。他们没有想到其实小杰虽然有能力把这些作文本捡起来，但是因为时间紧迫，所以特别需要有人帮助他。

"旁观者效应"并没有所谓的对或错，了解它反而能帮助旁观者去发现自己退缩的真正原因。或许是因为还有其他旁观者，所以你选择让更有能力的人出手。比如有个人跌倒了，你发现离跌倒者最近的人好像已经行动了，因此你没有跑过去扶他；比如你看到前面的同学掉了学生证，但是你觉得掉了学生证的同学等一下就会发现，因为他正要去体育器材室借器材，所以你就先赶去操场上课了。

那么到底要不要出手帮忙呢？在前面描述的那些想法，都只是我们自己在脑海中的自问自答："对方需要我帮忙吗？""也许并不需要吧？"或许有时候我们猜对了，所以不去帮忙是正确的。但是，与其在脑子里想来想去，还不如开口问一声对方是否需要帮助呢！

说服他人的妙方
——门槛效应

“小华，可以麻烦你帮我顺便交一下作业吗？”

“嗯，可以啊……好吧！”

“那你可以中午顺便帮我到便利店买包方便面吗？”

“嗯？好吧好吧！”

“那买了方便面后，再帮我买一瓶饮料吧！”

“噢！你真的很懒呀！这次是最后一次了喔！”

上面这种情景你是否曾经遇到过呢？人们好像总是对这类要求很难拒绝，其实这是一种高明的说服技巧。

在生活中我们总会遇到许多需要说服别人的情况，从简单的帮忙买东西到推销商品，甚至是候选人拉选票，只要是能够让他人照着你的意思去做，都算是成功的说服。

　　对大部分人而言，要去说服别人好像登山一样难，常常会因为不知如何开口而错失机会，有时是因为担心自己的要求会麻烦别人，有时则是因为顾虑双方的交情并没有那么好。

　　其实，除了胆量和交情之外，在说服他人的这门学问中确实有一些可以运用的诀窍。不过，在说明说服人的秘诀之前，我们先来稍微了解一下"说服"是如何产生的。

"说服"是什么？

　　生活中有很多事情是一个人无法完成的，所以我们需要学着和他人合作，甚至试图去说服他人给予我们帮助。于是，如何说服他人就成了面对各种挑战的必要过程之一。

　　到底什么是"说服"呢？"说服"的简单定义是，说服者利用语言或非语言（譬如手势、专业能力）的方式来影响别人，最终达到被说服的人愿意接受说服者的要求，使说服者得到他所期待的帮助。比如你想在周末跟同学一起去游乐园玩，但是你必须说服你的爸妈让你自己出门，所以你要做的第一件事就是找出自己的理由来说服他们。

影响说服的因素

在说服的过程中，有许多重要的因素会影响说服是否能够成功，比如说服者本身的口才以及逻辑论述能力，还有说服者与被说服者之间的关系，有时候说服者名声的大小也会影响他说服力的强弱——试想，老师是否比学生更有说服力？此外，说服者人数的多少也会有影响，十个人说服你和只有一个人说服你相比，那种人情压力会造就出极为不同的说服结果。

不过上述的因素都不是我们能立即改变的。就口才来说，提高口才至少也要练习一年半载，双方关系也不可能一蹴而就，说到名声的建立就更困难了，若论人数的话，不一定能够随时找到那么多人和你一起去说服对方。

那么，有没有更简单、更直接的可以说服人的小技巧呢？确实有。

门槛效应

20世纪60年代，美国心理学家费德曼（Jonathan Freedman）和佛雷泽（Scott Fraser）对于如何说服他人的技巧感到十分好奇，因此设计了一系列有趣的实验，来观察哪种情境下比较容易说服人。

他们在实验过程中还发现了一个容易提升说服成功概率的非常有趣的技巧，并将其称为"门槛效应"。"门槛效应"的意思是，如果推销员在你家门外按电铃，只要可以进入你家大门的话，他推销成功的机会就会加大。

当年费德曼博士等人的实验过程是这样的。他们先请助手去拜访一些家庭主妇，询问他们是否能够借用她们的窗户，挂上写着"安全委员会"的小招牌。半个月后，助手会再次登门询问，是否能够借用她们的庭院放上一个写着"小心驾驶"的大招牌，不过这次的招牌比较大，而且不太美观。

结果发现，那些在第一次就答应助手要求的主妇们，在后来又被请求放上又大又丑的招牌时，再次答应的概率高达55%。这个概率比那些第一次就拒绝在窗户上挂上小招牌的家庭主妇答应的概率高三倍。

两位心理学家在实验中观察到，如果先向他们要说服的对象提出一个简单的要求，对方答应了之后，再提出更复杂的要求时，对方会更容易配合。换个角度想：当你先答应了之前的小要求，若再被请求答应另一个大一些的要求时就会比较轻易地答应，这就是"门槛效应"的精髓。

通常在遇到简单的要求时，我们一般很容易就能接受。为了让自己维持这种愿意帮助他人的形象，在往后遇到更大、更难达到的要求时，我们也会倾向于让自己接受这个要求，试着去完成它。这与成语中的"得寸进尺"类似，因此也有人称之为"得寸进尺效应"。

虽然说"得寸进尺"听起来好像是在一步一步地逼迫对方接受自己的要求，但是千万别批评或者排斥这样的方法，毕竟这样的说服技巧并没有所谓的好坏，也非蓄意欺骗。在说服的过程中本来就会牵扯到许多妥协及配合，这要看你是站在说服者还是被说服者的立场去诠释这件事，并且有时合作也能达到双赢的效果。

生活中的门槛效应实例

在日常生活中，其实有许多发挥"门槛效应"的良好案例，例如摊贩叫卖的方式和网络问卷的填写等。

其中以在车站叫卖文具、文创商品的小贩最有代表性。大家在车站或者经过人流很多的地方时，有时会遇到一些向路人推销爱心笔的年轻人，为了打破你对他的防备之心，他们总是会先问一个问题（提出一个小小的请求），比如"可以跟我说声加油吗？"。这对于我们来说是一个简单的要求，所以我们很容易就会答应，并且向他说一声"加油！"。趁着这段你来我往的谈话，他们就会顺势拿出要推销的相关商品开始向你解说（提出更大的请求），我们通常为了维护自身的形象或是不好意思拒绝，就会继续耐心地听下去，甚至还会买下一堆又贵又不太需要的笔。

另外，路上发传单或者请人填问卷，都是类似的原理：一旦我们拿了人家的宣传单或试用品（接受了一个小要求），就比较有可能去进一步仔细阅读宣传单的内容和购买产品（接受更大的要求）。

站在说服者以及推销者的角度，这样的结果是有利，能够帮助他们顺利地推销产品、推广理念。不过当我们的角色换成被说服者或消费者时，面对这样的情境，我们应该如何避免被轻易说服呢？在此教大家一个简单的应对口诀，那就是：不怕丢脸，懂得拒绝，想清楚自己真正需要什么！

跟着人群走，就一定对吗？
——羊群效应

终于结束了为期三天的期末考试，小杰和小新打算吃一顿大餐好好犒劳一下自己，顺便庆祝暑假的到来。于是，他们在考试之后迅速冲回教室，收拾书包，便骑着自行车前往市区。

"你想吃什么？我今天只想大口吃肉，大口喝可乐！"小杰说，边骑车边大吼，发泄着自己累积了一学期的疲惫。

"那我们去吃牛排吧！"小新大声回应，同时用力蹬着自行车向前冲。

"好，吃牛排！不过这条路就有两家，看起来都很棒，我们选哪一家呢？"小杰看着两家牛排馆问。

"对呀！两家都有沙拉吧和可乐续杯，可是左边那一家怎么都没什么人啊？怪怪的，我们还是去右边那家呢。"小新探头观察了一阵子说。

"嗯，我们选人多的那家吧！"

什么是"羊群效应"？

小杰和小新挑选牛排馆的过程就是我们日常生活的写照，在遇到不确定的状况时，最好的方法就是跟随他人的选择。比如我们来到一家异国料理店，桌上摆满了琳琅满目的餐具，不知道怎么使用时，我们一般会先看看其他人怎么使用；又如过马路的时候，我们看到前面的人向前冲时往往就会跟着一起走，有的时候会不管是否已经变成绿灯。

这种跟随他人的现象被称为"从众效应"，也有人称之为"羊群效应"，就像一大群羊在移动时，每只羊都只需要跟着前一头羊走就行了。

到底在什么情况下才会发生"羊群效应"呢？

20世纪50年代，美国的心理学家艾许博士（Solomon Asch）为了探究这个问题，做了一个经典的实验。

艾许博士找一些大学生来做实验，他告诉每个人他们要来做一项视力判断测验。被邀请的学生进入实验室后，会发现还有其他六位同学和他一起测验，但其实那六位同学都是跟艾许博士沟通好的，只有他自己是真正的受试者。所有人听完实验规则后，便开始进行总共十八回合的视力判断测验。首先，会给他们看一张画着一条线段的图（见下图的左图），接着会给他们看一张画着三条不同长度的线段的图（见下图的右图），他们需要在三条线段中找出和第一张图中的一样长的那条线段。

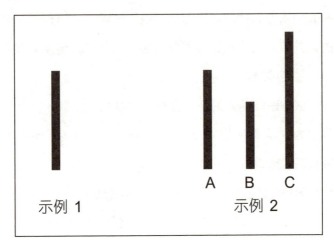

示例 1   A   B   C

                         示例 2

哪个选择才是正确的？

这看起来不难，对不对？但实际作答时加入了群众的压力就不一样了。

在看完两张图之后，所有人都要轮流说出答案，真正参与的学生会被刻意安排在倒数第二个回答，其他六位同学都是艾许博士安排的演员，为的就是在轮流回答时让他感受到压力。这六位安排的演员会故意说出明显错误的答案，这对原本打算说出正确答案的人来说，听完前面四个人都说出了跟自己原先预料的完全不同的答案，会有怎样的压力，他会有怎样的反应呢？

艾许博士在观察了一百多位来做实验的学生的反应后，发现有75%的人即使一开始很有信心地选出了正确答案，也会因为听到前面几位同学一致地给出了别的答案，在轮到自己回答时会对自己的答案没有信心，所以跟着前面的四位同学说出了错误的答案！

为什么他们会换答案？

一开始明明受试者都对自己的答案很有信心，但在听了其他人的答案之后，他们都开始怀疑自己的答案是否正确，甚至最后跟随其他人，回答了明显错误的答案。这到底是为什么？从众行为背后肯定隐藏着非常有趣的答案。

这其实可以从很多角度来解释，以下将从三个层面来为大家提出合理的说法：

一、从进化的角度来解释，为了平安存活下去，最好的方法就是跟随大多数人的行为去做。

想想生活在野外的原始人，在他们不知道该怎么办时，最保险的方法就是跟着前人的脚步走，看大家怎么做自己就跟着做，毕竟他们做了之后并没有因此而出事，那么跟着做应该是安全的。

二、从团体压力的角度来解释，当我们处在一个团体里，谁都不想当一个异类，因为和其他人不一样的话就会变成这个团体中的少数派，少数派就会承受多数派带来的压力，会让多数人觉得你并不属于这个团体，进而对少数派产生排挤、孤立的态度。

因此，即使他们发现多数人的选项是错误的，当考虑到他们不想成为一个承受压力的少数派时，大多数人还是会"睁一只眼闭一只眼"，说服自己跟随多数人所选择的答案。

三、从节省脑力的角度来解释，当我们直接选择跟从多数人的行为时，就不需要再花费自己的脑力来思考怎么做才是正确的。

因为这些思考的步骤都已经被上一个做决定的人进行过，大多数人都不想浪费脑力再思考一次，所以就会直接模仿或跟随别人的选择，这样是最省力的。

多数人选择的就一定正确吗？

如果前面的人选择了一个危险的做法时，我们该怎么办呢？想一想，或许小杰与小新选择的餐厅里的菜品其实非常难吃，只因为它今天有"买一送一"的优惠政策才会吸引那么多人，那么他们的选择是不是不太合理呢？

那么，我们怎样才能够避免从众效应呢？唯一的方法就是别贪图方便，自己多动脑筋！即使在一开始因为不确定怎么应对而选择跟大家一样的做法，还是要经常问自己一个问题："多数人选择的就一定是正确的吗？"

举个生活中的例子来思考一下：

你骑着自行车在路口等红灯，停在五辆自行车后面，这个路口的红绿灯并没有显示倒数计时，所以不确定这个红灯还要持续多久才会变成绿灯。此时，你看到前面几辆车已经开始缓缓地向前移动了，大多数人也准备向前行走，那么，你会跟着向前移动，还是再看一下红绿灯呢？

一个小建议

当我们做决定时表现出"羊群效应"，跟随他人的选择时，并不表示自己的行为一定对或者一定是错的。前面的人做得对，你当然也会做得对；但是当前面的人做错时，你也盲目跟从的话，那就会出事，除非你已经观察到前人的错误并做出改进，才有机会让自己改正前面的错误，做出正确的选择。

因此，在面对日常生活中的各种状况时，要不要跟随别人的方式做，并没有标准答案。但是请记住，多观察、多动脑肯定是对你有帮助的！

如何记忆最轻松

Part 3

让大脑轻松记忆的秘诀
——神奇数字7±2

在虚拟世界里的回忆
——记忆也会"造假"吗？

挑三拣四的记忆特质
——首因效应与近因效应

有些同学总觉得自己的记忆力很好，每次都在考试前几天才开始施展"临时抱佛脚"的绝招，连续几天努力把课本内容记下来，基本上都能够拿到不错的成绩。其实事情并没有这么美好，这种"抱佛脚"的功夫用来应付考试还可以，但过一两个月后通常就会把这些知识忘光，在需要考查很多知识的大考中，这些知识还需要重新记忆一遍。所以这样的记忆在长期来看是无效的记忆！

　　这样的挫折让人好奇：为什么平时的小考中，只要临时猛背一下书就能平安度过，但在期末考试或者大考时却行不通呢？可是明明在之前的小考时已经提前看过也背过了，期末考试只是把好多小考的内容综合起来而已，为什么之前的那些"临时抱佛脚"的努力就派不上用场了呢？

记忆也分长短吗？

若要解答上述的疑惑，就要从记忆的两个阶段谈起。

在学习的过程中，记忆被分成所谓的"短时记忆"和"长时记忆"。平常我们在接触新事物的时候，所运用的都是短时记忆的能力，它能够帮助我们立刻记下这些信息。比如在记一组电话号码，或是上课边听边写下老师所说的重点时，短时记忆的能力确实能帮助我们在短时间内做好许多事情，和"临时抱佛脚"的效果有点类似。不过它有个致命的缺点，就是容量少且无法持续很久！

至于记忆的另外一个类型"长时记忆"，顾名思义就是使人能够长久记住东西的记忆。它的作用是能让我们持续记住很多事情，比如名字、出生年月日等。持续的回想及练习，可以让原本很快就会被遗忘的事物被牢牢地记下来，这也是在学习阶段中老师们总是强调要回家复习的原因。只有不断的练习和回想，才能够将"短时记忆"转换成"长时记忆"！

短时记忆中的"神奇数字7±2"

虽然短时记忆有记忆时间短的缺点，但是在近一百年的时间里，心理学家做了很多实验，试图了解人类短时记忆的能力极限，而且还从中找到了一些超越短时记忆极限的小技巧。

这些实验中，美国的乔治·米勒（George A. Miller）教授所做的研究最为著名。他在读过许多前人的实验结果，并综合了自己的研究后，发现了一个很神奇的巧合，那就是在面对很多事物后若不刻意复习的话，我们的短时记忆一次平均最多只能够记下"七件"事物。

米勒教授发现在很多研究资料中，对于声音的记忆、图片的记忆、味觉的记忆，甚至是皮肤震动的记忆，如果一次只单纯观察某一种感官的记忆（如视、嗅、触、听……），一个人平均的短时记忆容量是七个左右。这个数字在不同的感官系统里会有所差异，但大概就是在五到九之间。因此，米勒教授便将这个发现命名为"神奇数字7±2"。

以视觉记忆的实验为例，科学家邀请了一些人来做实验，让被邀请的人先看一张图片，过一会儿再问他刚才是否看过这张图，此时他可以毫无疑问地回答："是的，我看过。"接下来，科学家会慢慢把图片增加到一次看两张、三张、四张……大概到七张之前，大部分参加实验的人还能记得很清楚，但是当图片的数量超过七张之后，如果让他们回答刚才是否看过这张图片，他们就会开始不确定，甚至出现错误判断。同样，在其他嗅觉、听觉、触觉等的研究中也有类似的发现，便有了所谓的"神奇数字7±2"的结论。

"长时记忆"的秘密武器——复习

看到这样的结果，我们或许会疑惑："怎么我们一次只能记得住七个事物呢？"其实不用太担心，因为这个现象只会发生在没有"复习"的情况下。

心理学家发现，如果想要增强记忆力，最好的方法就是去复习、熟悉它。这个方法不只是读很多遍，还可以运用各种高明的小技巧。那么，这些小技巧是什么呢？

一、拆成小段

运用这个方法的最好例子，就是背电话号码。一般手机号码是由十一个数字组成的，我们在告诉别人自己的电话号码或是记下别人的号码时，通常都会把它拆成"四—三—四"或"三—四—四"的方式，这样，比较方便且不容易出错。

米勒教授也发现，如果运用这种方法去记忆的话，可以把记忆力提升到一次记住二十个事物以上。

二、唱首歌或编故事

在学习英语时，我们唱过很多英文歌来帮助我们学习和记忆。其中一个例子就是初学英语者必定会学的《ABC之歌》，利用简单的旋律及反复的听唱，在无形中我们就记下了歌曲里面的字母。

另一方面，在学习古文及古诗词时，我们并不会硬背，而是听老师解释课文，了解其背后的故事和想表达的情绪，利用这种深刻的故事情境，来帮助我们记忆。比如背诵讲述花木兰代父从军的《木兰诗》时，我们如果对其中的故事内容很清楚，就会很容易记住这首诗。

三、谐音口诀

运用这个技巧的最佳例子，就是记忆化学元素周期表的方法。初中时期，同学们记忆那些化学元素的顺序和名称总是很吃力。幸好老师一般都会教同学们以谐音口诀的方法记忆，比如，拗口的"氢氦锂铍硼"可以记成"青海里皮蓬"，"钠镁铝硅磷"可以记成"那美女桂林"。这样，难记的化学元素表就立刻变成好记又好笑的口诀了！

为什么复习很重要?

我们当学生时一般都会觉得复习是件很麻烦的事，不过复习确实有其背后的道理。以心理学的理论来解释的话，我们所做的每一次复习，都是为了让自己能更快地对这些知识产生自动化的反应。

举例来说，当我们第一次学习"九九乘法表"的时候，总是要花很多时间想三乘以五得几，三乘以六得几，并没有办法很快地反应过来。但当我们复习背诵了至少一百遍之后，就会慢慢发现自己可以自动地说出答案，甚至连想都不用想，答案就会自动地出来。

从另一个角度来解释的话，在我们大脑中负责产生记忆的是神经元，复习会刺激这些神经元彼此的联结。刚开始在我们不熟悉乘法表的时候，这些神经元是彼此分散、没有关联的，但是经过几十遍甚至上百遍的练习后，那些原先松散的神经元就会变成联结紧密的一群好伙伴，只要在以后接触到乘法表的时候，它们就会很活跃地在大脑中彼此联系、放电。

　　所以说，只要抓住记忆的特质，有技巧地将知识分类，然后努力地复习，多重复记几遍这些知识，自然就可以将这些知识的短时记忆转换成长时记忆了！

在虚拟世界里的回忆
——记忆也会『造假』吗？

在一个全家团聚在客厅看电视的美好午后，节目上正介绍着某个游乐园即将在暑期开放的游乐设施。

"姐姐，你还记得我三岁时去坐旋转木马时吐出来的事吗？"小新回忆着自己小时候的窘况。

"是吗？"小新的姐姐一脸疑惑地回应。

"当然是啦！我记得很清楚，当转到第五圈时，我就感觉不舒服，然后就吐了……"

"不可能！妈妈说那年是我一个人去的游乐园，你当时明明在住院。"姐姐打断小新的话。

"怎么会？……我现在都还记得我吐在哪个垃圾桶呢。"小新不甘示弱地想证明自己当年的存在。

"妈妈——"为了证明谁才是对的，姐弟俩涨红了脸，大声呼喊妈妈来证实这件事。

"虚假记忆"

如果从出生开始计算，我们的小读者至少都活了十年以上吧！这大约三千多个日子里肯定发生过许多事情，例如第一次上学时很紧张，参加毕业旅行前兴奋得睡不着，或是过年期间跟家人一起去旅游。

但是有时候在聊起过去发生的某件事时，我们却有可能会发现我们记忆中的和家人讲的不太一样，好像那件事情并不是自己所记得的样子，那种模模糊糊的感觉让人觉得很不踏实。这是为什么呢？

美国心理学家罗芙托斯（Elizabeth Loftus）就专门研究那些人们觉得自己记得，却与事实不符的"虚假记忆"。简单来说，"虚假记忆"就是那些自己记得存在过，但实际上并不存在的事件。罗芙托斯博士进行了一项非常著名的记忆实验——"在大商场走失"。这项实验发现，通过语言暗示，以及要求人们尽量写下事件的细节，竟然可以轻易地让人以为自己真的曾经在大商场里走失过，对没发生过的事情信以为真。

你是否曾在大商场里走失？

罗芙托斯博士邀请24个人来参与实验，他先向参与者的家人询问他们小时候发生过的事情，比如他们小时候常去的大商场是哪一个、曾经去哪些国家旅游过，目的是让当事人更加确信这些事情都是真的。

接着，罗芙托斯博士给参与者每人一本笔记本，里面记载着他们小时候发生的四件事，并要求参与者在接下来的五天之中，尽量回忆出这四件在他们童年时发生的事情的细节，如果真的不记得，就写下"我不记得"。

这四件事中有三件是参与者四到六岁期间真实发生过的事，但另外一件是没有发生过的，内容是他五岁时在大商场走失过。在这四项事件后面都会附上一大段空格以及几句描述提示，例如在大商场走失事件后面，有"五岁的时候，你在全家最常去的大商场走失""当时你哭的声音很大""最后，一位老先生注意到了你，并把你带回爸爸妈妈身边"，让参与者可以利用这些提示词来填写细节。

大家通常觉得，对于没发生过的事情他们应该直接说"不记得了""没发生过这件事",但实际上在二十四位参与者中,竟然有七个人对于第四件根本没发生过的事(在大商场走失)做出回忆,也就是说他们七位产生了"虚假记忆"。甚至在实验结束后的访谈中,研究者告诉他们那段在大商场走失的经历其实是假的,是根据实验需求特地编造出来的,他们还是不认为那是假的,一直觉得那是自己身上真实发生过的事。

为什么会有"虚假记忆"?

你一定感到很惊讶,为什么那七个人会回忆出根本不存在的事呢?这就要从我们对记忆的误解谈起了。

通常我们都认为记忆应该是很稳定的,在五岁时所产生的记忆应该和我们在二十岁时所回忆的一模一样,就像一首歌存放在电脑里,就算你放得再久它都不会因此变成另一首歌。但事实真的是这样吗?

心理学家给出的答案是否定的!人的记忆并不会像电脑文件一样稳固,反倒很容易改变。如果受到他人的暗示、过去的经验或是新的事件所影响,就会有可能对记忆有大小不一的修改。

　　为什么会这样呢？这就要从记忆是如何形成的谈起（有兴趣的读者可以复习一下前面的"短时记忆中的'神奇数字7±2'"）。

　　人在接触新事物后，会在脑中产生短时记忆，让我们能够继续处理眼前的事情，比如立刻记下朋友刚告诉你的电话号码并且拨出去。短时记忆的作用是帮助你来完成眼前的事，但它只会短暂停留在你的脑海里，也就是说时间一久必然会忘记。

　　如果你想要记得久一点的话，就必须通过不断的复习来将它变成长时记忆，这样就可以记住好长一段时间，不会忘记它了。

　　那么"虚假记忆"又是如何产生的呢？依照上述的实验流程来看，参与者在一开始就接收到错误的短时记忆（笔记本里写着自己走失过），连续五天的回忆就好像是复习一样，更使得原本不存在的记忆被转换成长时记忆，所以就变成一项根本没发生过的"虚假记忆"。

面对"虚假记忆"，我们应该怎么办？

　　虽然"虚假记忆"可能会造成一些不必要的麻烦，

例如你和家人因为回忆起不同的儿时情景而有所争执，但还是有一些方法可以更正这样的现象：

一、向他人求证

我们可以试着通过周围亲朋好友的回忆，重新还原出事情的原本面貌。如果其他人提供的信息足够多的话，总能拼凑出事情大概的样子。但这也是有风险的，那就是也有可能大家都记错了，毕竟世界上不只有你会产生虚假记忆，对吧？

二、当时就记录

这个方法就客观多了，如果怕自己将来会忘记，那就在事件发生时做记录吧。例如写日记、拍照、拍视频等，把当时发生的事件变成一个有实体的记录，而非在脑海里保存的可能会被扭曲的对事件的回忆。不过，它唯一的缺点就是只能记录下看得到的部分，至于当时的情绪、感受是无法被如实地记录下来的。

不过再怎么样，请记得我们的记忆并不像照片或是影像，可以把过去的事件完整地记录下来，多多少少总会有缺失、修改的地方，除非哪一天我们变成机器人或是脑袋中植入了记忆晶片，才有可能解决虚假记忆的问题。

　　到目前为止，我们能做的最好办法还是：认清这个事实，同时把重要的事情记录下来。因为"虚假记忆"是每个人都会发生的状况啊！

挑三拣四的记忆特质

——首因效应与近因效应

"今天本店的点心有咖啡冻、抹茶布丁、红豆汤、巧克力冰激凌、布朗尼、烤布丁。"

"嗯……不好意思，可以请你再说一次吗？"

"咖啡冻、抹茶布丁、红豆汤、巧克力冰激凌、布朗尼、烤布丁。"

"那……我点烤布丁吧。"

U形记忆曲线

大家或许都有过类似的点餐经验：点餐时，服务员热情地推荐今日特餐，说了一大堆听起来非常美味的菜名，从法式鸡肉配细面到德式酸菜猪蹄配土豆泥，但这对于要点餐的你来说根本就是菜名记忆大考验。如果没有菜单，点菜过程就会变成一种酷刑，最终只能通过拼凑或者对哪道菜名最有感觉来完成。

一般人在同时听到一连串名词时，会出现一种特别的现象，这种现象被称为序列位置效应或"记忆曲线"。"记忆曲线"是指一连串字词出现的先后顺序，会对人能不能记住这些字词产生影响。如果画一张坐标图来说明，X轴表示字词的位置，Y轴表示回忆正确率，我们的记忆会呈现一条U形的曲线，对一开始及最后出现的字词的记忆最深刻。

例如，请你依序念出下面这几个名词：睡眠、薯条、枕头、表格、耳机、水壶、天桥、筷子、书包、布鞋、火车、国旗、香菇、篮球。接下来，请闭上眼睛，想一想还记得哪些名词，你能够把它们全部记下来吗？你是不是对开头和末尾的几个名词印象较为深刻呢？

初始、中间与新近

许多心理学家通过验证之后，发现若要记忆连续、大量的字词时，就会出现"记忆曲线"——对于一开始及最后出现的字词有最强的印象。更精细地区分的话，这种对一开始就出现的几个字词印象较深的现象被称作"首因效应"，对最后出现的几个字词印象较深的现象，则被称为"近因效应"。

那么，为什么我们会出现这两种效应呢？心理学家推论，一方面，对于一开始出现的字词，我们有足够时间去复习处理，让它进入长时记忆；另一方面，对最后出现的字词有印象的近因效应，则是因为我们刚看过它，字词还处在短时记忆的处理阶段，所以最新鲜、不容易被忘记。

那些中间不容易被记起来的字词，则是因为处在不新不旧的尴尬位置：即使复习了也比不上一开始出现的字词复习的时间长，要说它刚看过，够新鲜，也比不过最后才出现的字词的短时记忆，所以被夹在中间的它们就显得没那么容易被回忆起来。

但是，并非在任何情况下都会发生首因效应和近因效应，当字词量太少时就不会发生，比如被要求记忆"猫咪、橘子、眼镜"三个词时，就不会出现记忆的差别。通常在需要记忆十个以上的字词时，这样的记忆曲线才比较明显。

记忆的特性

在了解这些关于记忆的特性之后，我们可以试着回想一下，这是否与自己的学习经验类似。如果把这样的记忆流程套在一天七节课的学校学习中，我们似乎可以发现两者有很高的相似度。

在学校的每一天，我们都会接触到许多新的知识，课程一堂接一堂，学习的内容持续累积，原本觉得印象深刻、上节课刚学的数学概念，只要时间一久就会变成不新不旧的"中间"知识。过了短短的课间十分钟，紧接着又是另一堂课。此时，我们对于课堂上所学知识的记忆就会开始出现首因效应和近因效应，可能会只对老师一开始讲的内容和最后布置的家庭作业的内容印象较为深刻。

如何应对记忆流失呢？

要克服这样的记忆特性，最好的应对方法就是用"做笔记＋有效理解"的方法来复习。这不仅适用于课程的学习，也适用于我们在日常生活中对各种情景的记忆，例如我们需要记忆的超市购物清单、旅游攻略、游戏规则和攻略，以及我们需要读的课外书的书目。

我们接触的信息的快速累积以及记忆曲线的作用，使我们一接触到大量的信息时就忘了一大半，明明刚接触的新单词、游戏规则、购物清单等，不到几小时马上就会被更多、更新的信息覆盖。为了让我们能记住课堂学习的内容、去超市买到我们所需的物品、不忘记游戏规则，我们必须做笔记或者进行有效的复习，就算只是在脑海里回想这些信息也是有帮助的！

提高记忆效率的方法

一、在想象中回忆

这个方法最轻松，不需要纸笔，我们只要在脑海中重新回想需要记忆的内容（例如上课所教的知识点、购物清单、旅游攻略等），通过不断的回忆来复习它们，将它们转换成长时记忆即可。

二、利用笔记或照片

这是需要花一点工夫的复习方法，通过工具把眼前的所见所闻转换成文字或者图像，让原先摸不到、碰不着的记忆变成有依据的纸本线索。这个步骤就像在书本里贴上便签一样，能帮助我们记忆，也可以让我们在复习时可以更快速地找到起始点。

三、有生活中的实际经验

这个方法需要更多的脑力和精力，需要我们对所接触到的信息有一定程度的理解和举一反三的能力才行。比如在生物课上学到昆虫的变化形态，若只通过课本里有限的文字描述或图片来理解，理解会比较表面。如果能进行户外观察，甚至是在家里自己养毛毛虫，观察它如何化成蛹，慢慢变化形态，破蛹而出，成为一只蝴蝶，将原先抽象的文字描述变成亲眼所见的过程，让生活中时时刻刻的观察都变成记忆点，这样，以后只要我们看到任何一只蝴蝶，甚至是和它相似的昆虫（比如知了、蚕），都能够轻松想起生物课上所教的知识。

你说的与
我想的

Part 4

与陌生人攀谈，比玩手机更有意思吗？

——和陌生人说话的技巧

今天是重新分班后上学的第一天，小杰昨晚就开始担心，不知道会跟什么样的人同班，所以整晚都没睡好。此刻，站在教室门口的他，即将面对的是陌生的同学……

"哎呀，好尴尬啊，连一个认识的同学也没有！"

"如果小新也和我在同一个班，那该有多好！"

"那个同学的铅笔盒好像掉到地上了，我要不要跟他说？"

真的有那么尴尬吗？

人类是群居动物，人们生活中许多快乐的回忆也会与他人相关，例如与家人的团圆饭、跟朋友一同出游等。

几乎每个人在一生中都会认识上千个人，但这种互相喜爱、频繁互动的情境并不总是存在，得与他人熟识到一定程度才行。换句话说，当周围没有熟识的朋友时，人们是非常安静、冷漠的。比如我们第一次到新班级面对许多生面孔时，往往会选择安静地坐在位子上，拿出课本低下头翻阅，而不是跟新同学交谈；坐在公共交通工具上时，面对车内其他素昧平生的乘客，人们往往会仿佛对其他人视而不见，戴着耳机沉浸在自己的小世界里。

对于平时渴望互动的我们来说，到底是什么原因促使我们与陌生人之间仿佛有一道又一道的隐形屏障呢？

美国芝加哥大学的两位心理学家艾普利（Nicholas Epley）和施罗德（Juliana Schroeder）认为，这可能是因为人们以为与人保持距离是最好的选择，以为这样不会打扰他人，这使得我们倾向于不和陌生人交谈。但这是真的吗？

为此，他们设计了一个有趣的实验，来验证人们与陌生人交谈后真的会引发令人不舒服的体验，还是会让我们更开心。

列车上的交谈

研究人员在早晨的上班时间，到地铁站台上邀请大家来参加实验，并给他们随机分派以下三种任务：

一、控制组：只需要保持原样，继续做自己的事即可。

二、疏离组：刻意地坐在离陌生人稍远的座位上，然后做自己的事。

三、聊天组：要主动与身旁陌生的乘客交谈。

每一位参与者在地铁行程开始前，需要对这些接下来可能会发生的情境进行评估，比如想象待会儿在行程中，如果找陌生人聊天的话，会有怎么样的感受。

接着，每个参与者都上车完成他们的任务。结束行程后，研究者们会问他们几个问题，包括在这次行程中是否和其他陌生乘客交谈，有的话，要求他们尽可能描述交谈的过程；如果没有交谈，那么他们做了哪些事情（例如看书、睡觉、思考、工作）。最后，研究者会要求参与者自己评估他们在这次行程中的心情和感受。

谈天后会感觉更愉悦

结果令人出乎意料，一般我们觉得主动跟陌生人聊天会让人感觉很奇怪，但聊天组的人在主动与人交谈之后，比起其他两组的人有更高的愉悦感，并认为这是一种非常好的体验。这与大家在出发前的想象和评估大不相同：大多数人认为跟陌生人交谈会让人不愉快，结果明显与大多数人的直觉不同。

这样看来，只要我们肯迈出和人交谈的第一步，有勇气与陌生人交谈，就能够获得很好的体验。在公共交通工具上与人交谈，可能会使这次行程有一个好的开始。

但是，这对于内向、不擅长与人交谈的人，是不是会有劣势？这也不一定。不管是外向的还是内向的人，只要愿意表现出外向的交友方式，都能获得相似的令人快乐的社交体验。也就是说，内向的人可以通过一些互动技巧来得到愉快的社交体验。

三种有效的互动技巧

一、利用增强信心的动作

当我们想与他人聊天却因为担心而迟迟迈不出第一

步时，不妨做几个让自己感觉很有信心的姿势，比如抬头挺胸、比个胜利的手势，或者握拳给自己加油。虽然这看起来有点怪，但这类肢体动作能帮助我们分泌倾向于主动前进的冒险激素哦！

二、主动回应

人们之间的谈话模式有很多种，其中的主动建构回应的谈话模式，是能够提升双方谈话效率、拉近彼此关系的方法。

当我们在与对方谈话时，能够给予正面的回馈，主动回应对方说的话，会让对方感觉到你在用心地聆听他说的每一句话，自然会让彼此都乐于继续进一步交流和聊天。

三、克服错误的想法

一般人会认为，当我们选择与其他人保持距离，在自己的座位上玩手机、睡觉、看书时，绝对不会有任何不快乐的感觉。但是当与陌生人交谈时，有可能会面临和对方谈得不太开心、意见不合或没话可聊的令人尴尬的情况。为了避免这些负面结果的发生，大多数人会选择与陌生人保持距离。

但是，根据上面的实验结果，我们知道，我们通常持有的"若跟他人搭讪会造成意见不合或无话可说"的想法应该是不正确的，实际上和陌生人聊天之后可以让人更开心。

那么，如何让自己更有勇气去克服这种错误的想法呢？我们可以试着回想曾经发生过的好的体验——也就是那些因为自己主动与人搭讪而得到快乐的经验，例如小杰第一次认识小新，和他聊天时，发现原来这位和自己同桌的同学是这么有趣。当我们渐渐认识到，原来自己心里的害怕都是想象出来的，实际情况并不是这样的时候，就会逐渐不被内心的恐惧困扰，乐于和陌生人开口说话了。

分享了这么多让我们勇于互动的小技巧，如果你反复思量后还是不想先和旁边的同学打招呼，也不要勉强自己。如果你想试着突破自我，结交更多朋友时，就用一颗诚挚的心和尊重的态度去和人交流，这样不仅可以交到新朋友，双方也会互相留下很好的印象哦。

今天是星期天，也是小新与班上的一群好朋友约好去打球的日子。大家很开心地跑到公园小球场，准备打球。但是，突然间不知为什么，小新觉得肚子特别疼。

"啊，肚子好疼！该不会是昨晚的麻辣火锅在作怪吧？算了，忍一下吧，还是先玩吧。"

"噗噗……"突然，小新在大家面前放了一串响亮的屁。

"哈哈，哈哈……"大家先是愣住了，接着开始疯狂地大笑，有的人笑到跌倒，有的人还笑得流出了眼泪，只有小新一个人尴尬地想赶快逃离现场。

距离决定可笑的程度

想必大家对类似的情况不会陌生：看到身旁的朋友摔了个狗吃屎，我们明明应该去关心他，却可能会忍不住先大笑起来；看到陌生人因为走路的动作幅度太大，不小心把裤子扯破时，我们可能也会情不自禁地笑出来。

到底为什么我们在看到别人出糗时会想笑呢？这是由于人们有幸灾乐祸的本性，还是背后有其他原因？

美国科罗拉多大学的心理学家麦克劳（Peter McGraw）在观察了许多类似的情况后，认为好不好笑或许跟我们与这件出糗的事的"距离"有关。所谓的"距离"包含四种类型：

1. 空间的远近：这件事在你身旁发生还是在遥远的地方发生。

2. 时间的远近：这件事是在很久以前发生还是在最近发生。

3. 人际关系的远近：这件事是发生在自己的亲友身上还是陌生人身上。

4. 是否真实：这件事是真实的还是编造出来的。

为此，他做了一连串的小实验来支持自己的推论。麦格劳教授让参加实验的人比较以下两组情况，想要确认在人际关系上的远近是否会影响一件事的可笑程度。

　　A. 有个陌生人因为不小心，竟然把六万块捐出去。（距离远）

　　B. 我的朋友因为不小心，竟然把六万块捐出去。（距离近）

　　A. 有个陌生人因为不小心，竟然把一百元捐出去。（距离远）

　　B. 我的朋友因为不小心，竟然把一百元捐出去。（距离近）

　　从实验结果中，麦格劳教授发现，参与者认为陌生人不小心捐出六万块会比朋友不小心捐出六万块可笑，但在捐出一百元的情形下则会认为朋友比陌生人可笑。这样的结果也与麦格劳教授当初的推论相符合，好不好笑确实会受到人际关系和空间的远近所影响。

你竟然笑我！

　　虽然麦格劳教授的结果符合他原本的预期，但除了

"距离"外，其实还有另一个很重要的因素影响着一件事可笑的程度，那就是发生的事情的"严重性"，这里的严重性以不危害生命为前提。

这么说还是有点抽象，让我们换一个角度来看看，如果现在不小心捐了六万块的人变成自己，我们应该就不会觉得这件事好笑了，因为这件事情对自己来说已经严重到连笑都笑不出来了。

其实一件事好不好笑，必须搭配两个要素：距离和严重性。当事情较严重但离我们很远时（例如发生在陌生人身上或者五年前自己身上发生的），可能就会使我们觉得好笑；相反，事情比较不严重但离我比较近（例如发生在朋友身上的或者是昨天自己身上发生的），也比较容易让人觉得好笑。

综合来说，让人觉得好笑的最适合的条件是"严重性高＋人际距离远"以及"严重性低＋人际距离近"。

以下举一个例子来看看：你因为心不在焉踩到路边的水洼，一个踏步把泥水溅得满脚都是，但第一时间你的朋友竟然只顾大笑，而不关心你是否扭伤了脚。这是因为对我们来说踏到水洼里是一件很丢脸的事，毕竟鞋子被弄得沾满了泥水。不过对于你的朋友来说，这是一件发生在他的亲近的朋友（人际关系比较近）身上的事情，事件本身也不会危及你的生命（严重性比较低），所以他会先笑出来也是情有可原的。

接着，我们换一种角度来分析：同样是自己的脚踩到水洼这件事，事情发生时对我们自己来说一点都不好笑，可是若将时间距离拉长一点，或许过一两年我们回想起这件事来，就会觉得当初自己竟然因为心不在焉而弄得满脚泥的样子很好笑。这时，我们所经历的是"时间距离"的变化，当从前的事情过了很长一段时间（距离远），原本当时觉得很糗的事情（严重性高），也会因为时间变久而变得有点好笑。

我们为什么会笑呢？

人类为什么会在一些状况下因为一些事情而发笑，但在另一些状况下对同样的事情就不笑呢？科学家并没有对此研究得非常清楚，目前有一个说法是笑能够促进我们的社交。

还有一种情况可以解释"笑有助于社交"的论点。

那就是当你突然加入一群人的谈话时，他们正好在因为某个话题大笑，通常你会先跟着笑，虽然你根本不知道他们在笑什么或者是什么事情让他们觉得好笑，不过为了可以尽快融入他们，你会选择先笑再说。而且我们也常说"伸手不打笑脸人"，笑代表善意，若是他人对你表达善意，你自然也不能对他表现出不满吧！

另外，"笑"还有一个好处，就是它会促使我们脑中分泌一种名为多巴胺的化学物质，这种物质有镇痛效果，不仅能帮助我们降低对疼痛的感觉，而且可以让我们感到愉悦。

看完以上的分析，我们就会知道，如果看到别人出糗的时候自己想笑，并不是因为你幸灾乐祸或是没有同理心，只是因为事情的距离比较远（因为不是你）而且看起来不严重。但是为了顾及对方的感受，我们还是应该赶紧关心一下他，看看他有没有受伤或者安慰一下他糟糕的情绪。

不过，如果你有本事让他也跟着笑出来的话，不仅可以拉近双方的距离，还能让他的脑中分泌镇痛物质呢！

情人眼里出西施？

——晕轮效应

我们看到自己喜爱的人时，总是觉得他（她）很完美，这种感觉不仅限于男女朋友，也包括我们喜爱的偶像和好朋友。不过，在其他人眼中却未必如此。我们的男女朋友在局外人眼中，也许是个懒虫；我们喜爱的偶像在其他人看来，也许除了外表出色之外毫无才艺。

　　为什么明明是同一个人，在不同的人心里却有这样相差十万八千里的差别呢？其中到底发生了什么变化？让我们从心理学的角度分析一下其中的原因。

什么是"晕轮效应"

　　"外表干干净净，就代表他的生活习惯很好吗？"

　　"学习成绩好，就表示他的人品好吗？"

　　"外表英俊（美丽），就表示他（她）一定是个好人吗？"

如果你在回答以上三个小问题时犹豫了一下，那很好，表示你已经察觉到这些问题中不太对劲的地方了。这些问题和一个心理学现象——"晕轮效应"——有关。

"晕轮效应"这个名词是美国著名心理学家爱德华·桑代克（Edward Thorndike）于1920年提出的。它是指我们有时候会因为某人在某一个方面的特征或行为表现，就凭直觉认为他在其他方面必定也会出现类似的状况。举例来说，当我们看到一个有气质的人，可能会觉得他的个性也很温柔；当我们看到学习成绩好的人，可能会觉得他应该也很善良。这样的"晕轮效应"不仅限于好的方面，在不好的方面也一样会发生。例如，我们看到一个长相凶恶的人，很有可能会觉得他的脾气一定很暴躁。

桑代克教授提出的"晕轮效应"，与我们成语里的"以偏概全"有着异曲同工之妙！

为什么会发生"晕轮效应"?

平时与他人互动时，其实我们没有太多的时间去深入地了解他人。除了对天天见面的家人有比较多的时间去了解外，我们和朋友、同学大多只有在特定的情境下才有相处的机会。例如，我们和同学一般只能在学校互动，和邻居或朋友一般只能在课余时间相处。

这也是产生"晕轮效应"的关键——"用某人某个方面的特征来推论他其他方面的特征"。简单地说，就是我们会自然而然地以同学在学校期间给我们的印象，类推其他时候他的表现。如果某位同学在学校的表现很好，我们也会倾向于推论他在其他场合的表现一定也很好；反之，如果某位同学的学习成绩或者在学校的表现不好，我们也会倾向于认为他在其他方面的表现也不好。

到底为什么会发生"晕轮效应"呢？这要从我们大脑的限制说起。对于外在事物，我们只能利用有限的注意力去处理和识别，因为如果要将所看到、听到的每一个事物都一一进行分析处理的话，我们的大脑就会消耗太多能量，这会导致我们大脑的能量不足，对每件事物都处理但处理的品质不佳。

以前面的例子来说，我们想要彻底认识一个人，就必须参考他在很多方面的表现，包括上课时候的他、私下的他、运动场上的他、家庭里的他……了解了他在每一个方面的表现之后，我们可能会发现其实他不一定在所有方面的表现都很好，或许其中有些表现特别突出，但是另一些方面的表现就会差强人意。这样就出现了矛盾：我们会感到很困扰，他到底是一个"好"人，还是"不好"的人呢？

为了防止这样的难题发生，我们的大脑就发展了省力的方式——利用其他人一方面的表现来推论他在其他方面的表现，这就是所谓的"以偏概全"或"晕轮效应"。

如何利用"晕轮效应"？

了解了"晕轮效应"之后，我们如何把它运用到实际的人际交往中，提升他人对我们的好感呢？最简单的方式就是——引导别人看到我们的优点！

为什么会这样建议呢？因为"晕轮效应"的定义是

"用某一个方面的特征来推论其他方面的表现"。如果我们能引导别人先看到我们的优点，那么对方一般就会认为我们在其他方面的表现应该也是很好的，这样我们就容易给对方留下好的第一印象。

不过在此要提醒大家的是：如果想要以这种方式长久地提升人际关系通常不太可行，毕竟当对方和我们有更深入的交往之后，必然会渐渐了解我们在其他方面的表现，也会看到我们的缺点和毛病。如果你觉得只要在他人面前维持某种形象，却不改进其他表现不好的部分，可能到最后还是会"原形毕露"。

因此，要想让自己在他人眼中一直保持良好的形象，除了让自己的优点能够被看见之外，在表现不好的方面也要不断地改善自己喔！

换个角度运用"晕轮效应"

上面提到在别人刚认识我们的时候，运用"晕轮效应"可以使我们给他人留下好的第一印象。如果换个角度来看，当我们在跟他人互动时，应该如何利用"晕轮效应"，才能够"全面地"认识我们想要了解的人，以减少在对他更加了解之后，出现前后不一的矛盾感呢？譬如我们在刚认识某人时，觉得他各个方面都很好，但相处久了才发现其实他在有些方面表现得不如预期，而感到失望。

对于这种情况，我们提供两个建议：

一、时常观察你和他人互动时有没有"以偏概全"的情况发生。

二、记得常常提醒自己：没有任何一个人是完美的。

当我们仔细观察生活中人们互动的情况时，其实很容易就能看到我们常常会有以偏概全的现象。因为这是一个必定会发生的现象，即使自己再怎么努力想要避免，可能还是无法做到，毕竟它是能够让我们的大脑节省能量的方法。

那么，在一定会发生"晕轮效应"的状况下，我们该怎么去面对呢？比较好的方法是从想法和认知层面来着手，譬如时时提醒自己：没有一个人是完美的，包括我们自己。即使在刚认识一个人时，他让你觉得相处起来很舒服，似乎他没有任何缺点，但请记得他一定会有需要改善之处。

　　所以，先明白每个人都有优点和缺点吧，在和他人初识之时，也一定要认识到这一点，这样我们才不会在看到他的缺点时，感到太失望。

小明家隔壁的阿姨刚生了一个小宝宝。听说那个小宝宝长着大大的眼睛，非常可爱，于是小明决定趁着晚上阿姨在家的时候去看看小宝宝。

走进门，他看到一个可爱的小宝宝，穿着浅蓝色的婴儿套装，身旁摆着一堆恐龙玩具，所以他问阿姨："这个小弟弟好可爱，他叫什么名字呀？"

阿姨露出疑惑的眼神，回答："她是小妹妹哟，她的名字是小可。"

小明心想，这个穿蓝色衣服、身旁有一堆恐龙玩具的婴儿是小妹妹吗？应该是弟弟才对吧！

于是小明又问了一次阿姨："这个小弟弟的名字叫小可？"

这次阿姨有点不耐烦地大声说："她是小妹妹呀！"

此刻，小明即使心里还是有点困惑，也不敢再问下去了。

太奇怪了，按过去的经验都是这样判定的——穿蓝色衣服的应该是男宝宝，女宝宝怎么会穿上属于男孩的蓝色衣服呢？另外，女宝宝一般也不会玩恐龙玩具，应该玩洋娃娃才对吧！

看完上面的故事，如果你也有一样的疑问，那就让我们来仔细挖掘这个问题背后到底是怎么回事，为什么有时候简单的推论是行不通的吧！

比子弹还快的思考

在这个信息爆炸、每天都会接触新鲜事物的时代，为了不让大脑因为信息量过大而负载不了，我们必须找到一种好的方法来应付成千上万的外界刺激。刚好在人类大脑中就有这么一套能够快速辨别事物的机制——"启发法"（heuristic）。

顾名思义，"启发法"是一套能让我们"敏捷思考、快速反应"的机制，可以用常识性的规则来增加我们解决问题的可能性。运用"启发法"时，我们的思考速度是非常快的，而且它是自动发生的，我们无法刻意控制它。利用这个机制，我们几乎可以在一眨眼的瞬间就能够完成对事物进行分类，甚至找到规则等复杂的思考。

在日常生活的许多类似事例中都有我们运用"启发法"的影子。譬如"红色代表女生，蓝色代表男生""金头发、白皮肤的就是美国人""日本人爱吃生鱼片"，甚至是到一个陌生的地方时只因看到别人在排队你就会跟着排队，即使不知道这个队伍中的人是在排队等什么。

我们的大脑为了让我们可以节省一点思考的精力，储存了很多这样的小规则（例如：红色代表女生，蓝色代表男生），每次的经验得到印证后，都会让我们在下一次遇到类似情况的时候更依赖脑中的这些小规则。也就是说，如果我们看到十个穿着蓝色婴儿套装的小婴儿都是男宝宝的话，在第十一次看到同样打扮的小婴儿时，我们会依赖脑中的小规则，认定这个小婴儿一定也是男宝宝。

快的不一定是对的

但是凡事都会有例外，没有什么是绝对的，就像开头故事中的小明搞错小婴儿的性别一样。

毫无疑问，"启发法"可以帮助我们在短时间内找到事情的规则并快速做出反应。但是这种思考方式也有它的缺点，因为事情并不总是会按照我们所认为的那样进行，例如有些男生喜欢穿红色的衣服，有的日本人并不爱吃生鱼片，前面排队的人是在排队去卫生间而不是在买好吃的炸鸡，等等，所以这个方法会使我们的思考加快，但并不一定每次都是对的。

这么说并非要大家完全抛弃"启发法"，它的确有瑕疵，但已经足够应付大部分情况。有时候一点点小错误并不会带给我们太大的困扰，但如果是碰到生死攸关的大事时，我们就要特别小心"启发法"可能带来的致命伤害。比如坐在摩托车上时到底是否需要戴安全帽呢？如果根据之前的经验，戴了一百次也没出过车祸，因为今天的天气十分炎热，想偷懒不戴安全帽，而且还能更凉快，但是很有可能因此在第一次不戴安全帽就酿成大祸！

两种互补的思考模式

如何减少运用"启发法"时可能出现的错误呢？有两个很好的方法：

一、增长见闻

通过多阅读、多到户外走走、接触更多事物，我们就能够持续累积各种知识，就能够知道许多事情会发生什么样的例外，这有助于我们将来对事情的例外情况有所了解。

二、放慢思考

在大脑自动执行"启发法"的机制后，我们可以将它所归纳出来的规则当作参考答案，不要立刻就认为这是最终的正确答案。相反，我们应该试着在脑海中搜寻之前的经验，寻找是否见过这件事情的例外情形，并放慢对这件事情的思考，衡量之后再得出最恰当的答案。

以这部分开头的故事为例，小明可以试着以"这个小宝宝是男生还是女生呢？"这样的开放性问题来问阿姨，而不是执意认为穿蓝衣服的就是男宝宝，这样就不至于惹恼阿姨了。

怎样把"启发法"运用到生活上？

在日常生活中我们的思考是通过"启发"和"慢想"两套机制互补运作的，需要快速反应或是没有太多精力让我们去消耗时，"启发法"便是一个很好的机制。我们能够把有代表性的事件当作之后的参考依据，例如去过一次麦当劳之后，在第二次去类似的快餐店时，便能马上知道要去柜台点餐，而不会像去其他餐厅一样坐在餐桌旁等服务员来点餐。

若换个情况，在我们比较不熟或者完全陌生的情境下，"慢想"就是一个很好的机制，虽然大脑依旧会快速产生一个参考答案，但有时候这个答案并不一定是恰当的，还需要考虑其他因素，例如看到爸爸妈妈生气的时候，也许只要和他们撒撒娇他们就不生气了，但这样的方法不一定适用在老师生气的时候。

不过，"人非圣贤，孰能无过"，这个世界上没有任何一个抉择是完全正确的，想要让自己的选择都能成为不二法门，还是要多读、多看、多走，通过经验的累积以及更多的思考和练习，渐渐熟能生巧后，我们就会更有信心去面对各种情境下的问题了。

第一印象为什么很重要？

——印象的秘密

明天是个大日子，因为班里即将来一位新的语文老师。同学们都在非常兴奋地讨论，并且到处打听消息，连小杰和小新都在忙着交换小道消息。

"哎哎哎！听隔壁班的同学说新来的老师很严格呢，要求生字必须写得很整齐才行呢！"

"可是我昨天听我姐姐说这位老师很用心，虽然要求生字写得很整齐，不过只要写完就能出去玩。"

"不会吧？我还是觉得那个老师一定很恐怖，这下我们就不会太轻松啦！"

"算了，等老师明天来了你就知道了，他真的很好，绝不骗你！"

形成印象的秘密

为什么小杰和小新谈论的是同一个老师，但是他们对新老师的印象却有如此大的差别？明明那个人的行为举止是一样的，不同的人的解读却相差十万八千里。在实际生活中，别人对我们的印象也是这样的，有些人对你印象很好，但是另一些人可能会不喜欢你。这样的现象常常发生在生活中，从偶像明星到隔壁班同学，对其他人的印象往往在很奇妙的过程中就形成了。

对于印象是如何形成的，心理学家一直都对它感到很好奇，也做了许多相关的观察和研究。

1946年，美国著名的社会心理学家索罗门·艾许（Solomon Asch）做了一系列研究。他发现当我们与别人接触时，虽然会观察到他很多方面的个性和特征，但最后产生的印象不一定是这些观察结果的总和，因此他很好奇是哪些重要的规则在造成这样的影响。（艾许博士就是研究羊群效应的那位博士，见本书第69页。）

艾许博士在研究中发现，当我们以不同顺序去描述一个人的个性时，往往会使我们对他产生截然不同的印象。例如，如果我们列出一连串用来形容人的特点的词，其中有优点也有缺点，包括聪明、勤奋、冲动、固执、嫉妒等，可以用两种不同的方法来排列：

1．A同学是一个聪明、勤奋、冲动、固执、嫉妒的人。

2．B同学是一个嫉妒、固执、冲动、勤奋、聪明的人。

艾许博士让两组人分别看完对A、B同学的描述后，询问他们对这两个同学的印象。结果大部分人对A同学有比较正面的印象——认为他有能力，表现非常好，但在某些方面比较坚持自我；但是大部分人对B同学的印象是比较负面的——认为他虽然能力不错，但是会被一些负面的性格影响。

从积极到消极与从消极到积极

为什么会这样呢？描述A、B两位同学特点的词完全一样，差别只在于对A同学的描述是从积极、正面的到消极、负面的，对B同学的描述只是顺序不同，但只是这样简单的排列顺序的变化，就对我们对他们的印象产生了如此大的影响。

这意味着我们对人的总体印象会受到一开始见到他

时对他产生的第一印象所影响。当认识一个人时，如果我们先看到他积极的方面，就会对他产生比较好的整体评价，对于他的印象也会是正面的；相反，当我们刚认识一个人就看到他消极的方面时，即使后来他的表现变成正面的，也没办法使我们产生类似于给人较好的第一印象的那些人的正面评价。

同样，在生活中也能找到许多类似的例子，譬如对于那些有前科或不良记录的人，即使他洗心革面，我们也很难扭转对他的第一印象。但对于那些原先就表现很好的人，像是学习成绩良好的同学，就算他最后做出不好的行为，通常人们仍然会认为他本质还是好的，只是遇到了一些困难而已。

如何给人留下好印象？

了解这些知识之后，就来见招拆招吧！

想让别人对我们有较好的印象，不外乎就是先让人看到我们较好的一面，譬如在初次见面时我们总会讲自己的优点，面对陌生人时我们一般都会表现得比较有礼貌，这是基本的人际交往的常识。

如果已经给人留下了不好的印象，想要扭转这种情况，让人对自己的印象变好的话，会相对比较困难，因为必须花费更多精力、更努力地去建立好的形象。譬如你原先给人的印象是很固执，若是想扭转大家对你的印象，可以试着去建立其他正面的特质，例如有创意或有幽默感。这样，即使大家仍然认为你是一个很固执的人，但只要你在其他方面足够突出，别人就会渐渐不太关注你的缺点，毕竟人是一种注意力有限的生物。

如果想更加了解其他人，避免对他人产生偏见的话，想必我们现在已经能够理解，自己会对某些人有比较正面或负面的印象，很可能是因为刚好我们先知道了他这个方面的特质。

虽然我们无法摆脱我们惯常的认知方法，但是为了能够平衡、全面地认识对方，我们不妨试着听听更多人对他的看法，或者干脆自己花时间去观察一下他所有的特质吧！

如何扭转对他人的印象偏差？

试着扭转对他人的印象偏差的过程，其实是不简单的。比如明明觉得那个人很吝啬，所以不喜欢他，要去看到他好的一面，简直比登天还困难。

为什么我们还要花那么大的力气去这样做呢？原因很简单，如果换个角度来看，每个人都有好的一面和坏的一面，我们也不希望别人都忽略我们的努力和好的一面啊。将心比心，当我们对某个同学印象不好时，如果我们试着寻找他的优点，也许会因此扭转我们对他的印象的偏差。

那么应该怎么着手呢？首先，我们就从"注意力"下手吧！

通常，我们会不自觉地去关注那些你认定的特点，譬如认定他是爱批评人的人，你就会一直找他评论别人的证据。现在，你可以试着多花点精力看看他有没有别的特质，有没有其他表现得不错的地方，比如热心助人、有好奇心、有创意。或许只要多试着观察他不同方面的特质，对他的印象就会有很不一样的感觉哟！

打造正向的世界

Part 5

就凭一张嘴，拉近你我的关系

——说话的艺术

今天，小杰终于买到了期待已久的玩具，于是兴高采烈地和好友小新分享这件事。"嘟嘟嘟嘟……"，电话响了几声之后终于接通了。

"喂，小新！我终于排队买到那个限量版玩具了！"

"噢，是吗。"

"真的很幸运，那是我一直很想要的最新版本！"

"哦，很好呀！"

"我早上六点就排队了，幸亏轮到我的时候还有货，你都不知道后面还有多少人！"

"嗯嗯。"

"你怎么好像没有兴趣呀，算了，我先回家了，下次再说吧。"

四种说话方式

如果仔细观察平常与其他人的对话，我们会发现，很多时候我们总会无意识地成为小新的角色。虽然不是故意的，但自己简短的回应会让对方觉得有点受伤，原本预期会很开心的对话也被自己的不小心给破坏了。由此可见，我们说话的方式会影响自己和对方的关系。

那么，我们到底该怎样回应他人呢？首先我们来了解一下有哪些回应方式。

美国心理学家雪莉·盖博（Shelly Gable）与她的伙伴在观察了许多对话记录后发现，我们平常的对话可以分为四种类型：主动回应、被动回应、主动破坏、被动破坏。以下我们用小杰与小新的例子来模拟这四种回应的模式：

一、主动回应

小杰："喂，小新！我终于排队买到那个限量版玩具了！"

小新："噢，真的吗？也太幸运了吧！"

小杰："真的很幸运，那是我一直很想要的最新版本！"

小新："好替你开心呀，你终于收集到了，那是你嚷嚷了很久、很想要的那一款呢！"

…………

从上面的对话中，我们可以看出小新是很主动的，会根据小杰讲的内容给予正面、积极的回应，而且会让小杰觉得他在用心地听，也能真实地感受到对方的快乐。小杰打完电话一定会更开心，因为他觉得和好朋友分享了他的快乐。这样的对话方式确实能够拉近双方的关系，使彼此都有被尊重和被在意的感觉。

二、被动回应

小杰："喂，小新！我终于排队买到那个限量版玩具了！"

小新："噢，是吗。"

小杰："真的很幸运，那是我一直很想要的最新版本！"

小新："哦，很好呀！"

…………

　　这样的回应方式就是这部分开头的例子，虽然小新回应了小杰，但听起来比较是被动的，而且回应的内容也会让对方觉得像是在敷衍，没有认真聆听。小杰觉得小新是他的好朋友，才会在第一时间跟他分享自己买到限量版玩具的喜悦，但小新却表现出一副没兴趣的样子，这会让小杰感觉很无趣。这样的回应往往会使对方没谈几句话就觉得无趣而终止对话。

　　三、主动破坏

　　小杰："喂，小新！我终于排队买到那个限量版玩具了！"

　　小新："噢，那又怎样呢？"

　　小杰："真的很幸运，那是我一直很想要的最新版本呢！"

　　小新："可是一个就要几百块，真的很浪费钱！而且没什么用吧？真不明白你怎么想的！"

　　…………

　　在这样的回应中，我们会发现小新的话语中明显充满破坏性。这会让小杰觉得自己无论自己说什么都会被对方反对，他内心原本希望和好朋友分享自己的快乐的心情，瞬间转变成不被尊重的负面情绪，通常这种负面情绪还会伴随许多显示不耐烦情绪的肢体动作，比如紧锁眉头。以后，小杰可能就会不想再跟小新分享自己的这种喜悦了吧！

四、被动破坏

小杰："喂，小新！我终于排队买到那个限量版玩具了！"

（小新低头做自己的事。）

小杰："真的很幸运，那是我一直很想要的最新版本呢！"

小新："啊？你刚才说什么？你是说待会儿要去吃饭吗？"

…………

在这样的回应中，我们会觉得小新似乎没有听小杰讲话，甚至还在做着自己的事情，例如玩手机、看漫画书。这样的对话方式最常出现在当今的科技时代。仔细回想自己平常在家里，是不是会在父母和自己说话的时候，我们却在玩手机或看电视，结果没有听到父母的话，也没有做出回应呢？

主动回应的好处

美国心理学家马丁·塞力格曼（Martin Seligman）在研究中发现：如果我们常在生活里使用"主动回应"的方式，就能够让我们与对方的关系发展地更正向，让对方更喜欢与我们聊天，因为对方总能在与我们的对话中得到积极的回应。在家庭生活中，如果我们也经常主动回应的话，会让我们与家人的关系更好，家庭氛围也会更加融洽。

看完上面的研究结果，不妨回想一下自己在生活中与他人对话的状况，是不是真的像心理学家做的分析那样呢？仔细想想，我们所经历的比较快乐的对话，都是那些能够让我们觉得被认真倾听和积极回应的对话。例如几个好友暑假期间相约出来吃饭、聊天，一段对某个问题有深入讨论的对话，或者跟好朋友对下星期去春游的安排的讨论，都会让彼此感到兴奋和期待。

如何练习应对技巧？

要拥有良好的互动关系，不论是在朋友间、家庭中或是班级中，只要用心去留意自己与对方的说话方式，就能够使双方的关系得到很大的改善。虽然如此，在实际生活中，我们却常常会因为不耐烦或者赶时间就随便回应一两句，甚至在遇到一个自己不喜欢的人或者自己心情不好时，就不小心使用了主动破坏或被动破坏的说话方式。我们该怎么避免这些情况呢？

其实，要做到在生活中和人对话时都"主动回应"是很困难的，即使是那些建议我们要主动回应的心理学家也是如此。因为要让对话中充满积极的回应，需要在说每句话时都花心思去体会自己说话或者回应的方式，更需要花费大量脑力去思考怎样的回应才会让对方觉得被尊重，怎样的回应会伤害对方。

不过，我们确实能够通过一些简单的方法来使自己尽量做到"主动回应"：

一、时刻观察

在谈话时，要尽量观察自己的回应方式，当发现自己正在破坏对话时，就要立刻提醒自己，用更加积极的方式来回应对方。

二、眼神交流

在谈话时，要尽量与对方进行眼神交流，这样可以让人感觉到你在认真聆听对方所说的话。

三、参与对话

如果在谈话中，不知如何回答对方的问题，至少要让对方觉得自己在用心参与对话，例如可以礼貌地问对方："我有点不明白你刚才说的，能再举例说明一下吗？"

如果我们确实按照上面的方法和人交流，可能在刚开始和别人对话时会感觉很累，因为必须花很多心思去观察和思考。不过，一旦习惯了使用这种回应方式，我们将会发现我们参与的每一段对话都很有趣，而且这确实可以使我们与他人的关系更加亲近。

摆对姿势，让我们更有信心

——行为的宣言

等了将近两个月，电视剧频道终于播出了最新一季的《学园超人》，这部剧以一个高中生为主角，他经过政府秘密组织的培训后，成为拯救世界的超人。这部剧播出后，立刻成为同学们的热门话题，当然小杰与小新也不例外。

"昨晚你也看了《学园超人》，对吧？"小新一边问，一边模仿着昨晚在电视里看到的超人的经典动作，想象着自己正在与邪恶的人做斗争。

"看了，不过我对他要变身时做出的动作有点反感。"小杰作势要呕吐，表达他对超人那个动作的厌恶。

"怎么会？那个动作明明很经典呀！"

"不是经典，是老派吧？他把手举得那么高干什么？是要举手回答问题吗？"

姿势的力量

想象一下，如果有一天你成了英雄的话，刚出场时你会摆出什么姿势呢？是"钢铁侠"那样蹲姿击地的招牌动作，还是"航海王"那样高举双手的动作？这些姿势只有耍帅的功能吗？有没有可能因为摆出了帅气的姿势，自己就变得更加帅气了呢？

不管动作是帅是丑，以往的心理学研究显示，心理与身体反应是相互影响的，心理状态会影响你的身体反应，例如失落时就会垂头丧气，开心时就会走路生风。反过来，肢体动作也可能会影响我们的心理状态，有些姿势会让我们更有精神，有些姿势则会让我们变得没有自信。

中国台湾高雄医学大学心理学系的林宜美教授做过一项研究，她找来110个学生，分成两组，让其中一组无精打采地行走，另一组则手脚摆动且开心地跳跃，两三分钟后，请这些同学评估一下自己主观上感受到自己的能量程度。

结果发现，手脚摆动且开心跳跃的同学大都表示自己这么做之后变得比较有精神了，而无精打采行走的同学大都表示自己变得有点垂头丧气。可见，只要走路蹦蹦跳跳，就会让自己觉得比较有精神。他们也发现，本来就比较忧郁的人，无精打采地走路之后会觉得自己更没有精神。因此，越是精神不好时，越要用有精神的方式走路，千万别垂头丧气地，因为这样会使自己越来越没精神的！

为什么不同的姿势会对心理有不同的影响呢？美国哥伦比亚大学的达娜·卡尼（Dana R. Carney）教授想知道动作是如何影响自信心及身体能量的。她认为不同动作会产生不同的自信心，这跟体内所分泌的激素有关。身体里有许多种激素，每种都会影响我们的行为和感觉，其中和自信心最为相关的是睾固酮与皮质醇。当体内的性激素睾固酮浓度较高时，人们的行为就会倾向于冒险，也就是行为上看起来会比较勇敢、积极。另一个是压力激素皮质醇，如果人处于压力状态下，就需要皮质醇来使人对压力做出有效的反应。

卡尼教授的研究发现：人做了不同的动作后，会让体内的激素浓度有所改变，进而使人觉得更有信心或者更加无精打采。她找了两组学生来测试，分别请他们做出高能量与低能量的动作。高能量动作是"嚣张大哥的坐姿"——把双脚伸直，放在桌子上，同时将双手枕在后脑；还有"大老板的站姿"——站在桌子旁，并做出拍打桌面的动作。低能量动作则是"表示反省的坐姿"——坐在椅子上，双手轻握，放在大腿上，同时低头向下看；还有"感觉害怕的站姿"——站着，双手紧握于胸前，低头往下看。

实验结果发现，受试者在做出高能量动作时，他们体内让人倾向于冒险的睾固酮也会因此上升，同时压力激素会下降，并且会觉得此时的自己是比较有能量的；相反，若做了低能量动作，则会使睾固酮降低，压力激素上升，也会让人觉得比较没有能量。

我们身边的例子

身体与心理是互相影响、密不可分的两个部分。观察日常生活中的你我他，我们很容易就能够理解心理是如何影响身体的表现的。例如紧张时，我们会倾向于将身体紧缩，肌肉比平常还要紧绷；在悲伤、忧郁的时候，我们会把自己蜷缩起来，躲在被子里；当我们赢得比赛或是听到好消息时，则会挥舞四肢，仿佛体内充满一股即将爆发出来的能量。

当说到身体动作是如何影响心理的时候，卡尼教授的研究就是一个很好的例子。模仿"嚣张大哥的坐姿"会让参与者觉得自己更有能量；模仿"表示反省的坐姿"则会让参与者觉得自己比较缺乏能量。

这里有一个有趣的地方，那就是激素所扮演的角色。激素不仅会随着身体状态而改变，例如在做高能量动作时，让人倾向于冒险的睾固酮浓度会提升；而且激素会受我们的内心想法、感觉、心情所影响，当我们感到沮丧、忧郁、有压力时，会使皮质醇（压力激素）的浓度提升。

因此，激素就像一条牵动心理与身体的线，让两者随时随地都在连动、影响着彼此。

生活中的启示

看了上述的分析，相信大家会感到很乐观。当我们心情不好时，除了可以用改变自己内在不开心的想法、多想开心的事情等方法来试着改变以外，还有一个选择，那就是通过外在的肢体动作来使自己的心情变好。所以如果再遇到让自己很没信心的人或者事的时候，可以改变一下自己的坐姿、站姿，甚至刻意地蹦蹦跳跳。这些也许会带来令人意想不到的效果呢！

小时候，长辈总是叮嘱我们要"坐有坐相，站有站相"。当时或许我们不觉得这很重要，但是现在我们看到了心理学家的研究，就会明白不同的姿势除了可以传达我们外在的动作之外，还藏着这样鲜为人知的道理呢！

当发觉自己一直垂着头，心情不好的时候，不妨改变一下姿势，抬头看看远方、看看天空，试着微笑一下，挥一挥自己的拳头，或许会带给自己不一样的心境和不一样的能量感受。我们都来尝试一下吧！

专心做事，是快乐的不二法门
——不分心最开心

距离开学只有三天了，小杰的作业却还有一大堆没做，在无路可退的情况下，他决定要加油了！

他先拿起作业本，浏览了一下题目，"难的就不管了！我还是先从最简单的开始吧……"

"第一题：我未来的志愿是什么？"

"嗯……如果我可以成为超级英雄的话，那就当个钢铁侠好了，有钱又帅气……可是感觉成为蜘蛛侠也不错……算了，还要先被蜘蛛咬过才能成为蜘蛛侠。那当个雷神好了……不过当英雄要随时准备救人，说不定连上厕所时还要被紧急呼叫，真是太麻烦了！那当游戏高手好了，不但可以一直玩游戏，还可以赚钱……突然有点渴，去冰箱看看有什么喝的吧……"

"噢！天啊！一小时就这么过去了，我还是赶快认真做作业吧！"

人在心不在

我们大概都经历过这样的情况：有时候想要认真做一件事，脑子里却一直在唱反调；明明应该专心读完这些书，心里却一直在想着后天出去玩的情景；难得跟家人一起出去吃饭，本来应该好好享受美食，却一直想着还没完成的作业。这种无法专心做现在的事情，一直在想其他事情的现象被称为"心思飘移"（mind wandering），也就是我们常说的心不在焉。它不但会降低我们的做事效率，影响人际关系，甚至还会让我们变得比较不开心呢！

2009年，哈佛大学博士生凯林斯瓦（Matt Killingsworth）很想知道"心思飘移"会不会影响我们的情绪，所以利用他在大学主修的技术专长开发了一个手机软件，名叫"追踪你的快乐"。安装软件之后，它会在你醒着时不定时地发送信息，要求你回答一些简单的问题。通过这些问题，可以知道你在那个时候做了什么事情，有哪些想法和感觉。问题的内容如下：

1. 你现在的感觉如何？

用0到100分来表示自己现在的感受。0分代表收到信息时，你的心情很不好；100分代表心情非常好。

2. 你现在正在做什么？

从22类事务中，包括工作、运动、吃饭等，选出一项符合自己的情况。

3. 除了现在正在做的事，你是否在想其他的事情？

回答有四个选项，包括：我没有想其他事、我想到了其他快乐的事、我想到了其他一般的事、我想到了其他不快乐的事。

凯林斯瓦分析资料之后，发现大多数人非常容易出现心不在焉的情况。调查中大约有一半的情况，人们是不专心的。同时，调查结果显示，专心做事的人，情绪会比较好；做事心不在焉的人，相对来说会比较不开心，即便分心想到的是快乐的事物，也不会比专心做事的时候更开心。

心思飘到哪里了？

为什么"心思飘移"会让人比较不开心呢？同时可以想几件事不是很好吗？

其原因可以追溯到进化的需求。在远古时代，人类还没有房子、武器等保护自己的物资，为了生存下去，我们必须先注意那些不好的警报，例如突如其来的大声响（可能预示着发生了爆炸）、闪烁而过的黑影（可能预示着躲在草丛中的毒蛇、猛兽来袭击了）。即使过了几十万年，科技的发展足以保证我们在日常生活中的安全，但是我们脑海里的运作模式已经设定好，会无意识地先去注意那些可能会给我们带来威胁、危险的事物。所以在心思飘移时，我们脑海里常想的是那些让我们担心的事情，例如下周就要考试了，好朋友为什么突然不理我了，零用钱花完了怎么办，等等。

这么看来，心思飘移的现象并不好，它会让人变得比较不开心。所以我们是不是要尽量避免这种现象呢？

人的脑子是很奇妙的，如果有不好的一面，通常它的另一面就会是好的。心思飘移还是有好处的哦！试着想一想，当我们困在一个难题上，怎么解都解不开时，我们是怎么做的呢？我们会先休息一下，做其他事情，甚至是出门散步或者运动一下，让原本被问题困住的心思有机会飘到别的地方去。说来也怪，只要放下对问题的执着思考，不再钻牛角尖，通常都会有意想不到的主意浮现出来，甚至会帮助我们解决了这个难题。

既然有好有坏，到底我们该不该让自己处于这种心思飘移的状态呢？很简单，就像我们在学校上课一样，认真上课一段时间后就要下课休息。让自己可以在一段时间里专注于手边的工作，就算是碰到难题也不要放弃。接着，安排一段休息时间让自己放松一下，也让眼睛休息一下，此时可以允许自己的思维飘移一下。这样，说不定还可以激发我们潜在的创造力，轻松地想出解决问题的方式呢！

什么是"心流"？

你曾经全神贯注地投入于做某件事吗？

美国著名心理学家契克森米哈赖（Mihaly Csikszentmihalyi）曾经访问过许多人，想知道在哪一种情况下他们是比较满足、快乐的。他研究了他的访谈结果之后，发现当我们处在一种极为专心、投入的状态时，我们的心里就会有高度的满足感，这被称作"心流"的体验。

当我们处在"心流"状态时，是完全专注的，即使旁边有嘈杂声也会忽略掉那些声音。正在专心做事情的我们会充满动力甚至觉得兴奋，就如同成语"废寝忘食"所说的，当下完全感觉不到时间的流逝。许多画家、作曲家、科学家、僧人等都曾经说，他们处于"心流"状态时，脑海中自然而然地流出了许多想法和灵感，他们所做的事情就在不知不觉中很顺利地，甚至是高水平地完成了。

专注做事的小步骤

从上述的分析可知，心思飘移有不好的一面，但是也许会给我们带来意想不到的收获；专注、投入地做事情更能使我们顺利地完成我们的工作。那么，如何才能让自己更专注呢？我们可以通过一些小步骤，让自己更容易进入专注的状态。

一、认清诱惑

当发现自己无法专心学习或者工作时，我们可以试着先想一想自己目前正面对的是什么诱惑。

比如在写作业时妈妈正好在做晚餐，那香喷喷的味道让你无法专注；在跑步时感觉脚很累，让你无法继续跑下去。在这两种情况下，饭菜香和脚累就是让你无法专注于目前所做事情的诱惑。

二、重新评估目标

当认清诱惑是什么之后，接下来我们需要重新评估目标。

若闻到饭菜香时，肚子正好也饿了，此时若要继续做作业可能只会使我们越来越分心，因此我们可以重新评估自己现在的状态，若是不太饿，就找一个远离香味的地方继续写作业；若是饿了的话，就干脆先吃点东西，才不会肚子饿得使自己无法专心。

现在我们来想一想，如果是跑步时感觉脚太累，无法继续跑的话，我们应该怎么办呢？我们在生活中还遇到过类似的情况吗？大家是怎么重新评估目标的？

三、集中注意力

确定目标之后，下一步就是努力让自己对所做的事情保持专注。在这个过程中，虽然很有可能会再度分心，不过我们已经变得不一样了，因为我们有了很明确的目标。例如，我们的目标是要继续跑下去，那么再出现腿累的感觉时，就让自己放慢脚步，练习去忽略那个感觉，将心思放在向前跑的下一步。

如何能使自己有更强大的专注力呢？以下提供一个小方法，即从观察自己的呼吸做起。因为呼吸是无时无刻都存在的，只是我们通常不会去察觉，要练习专注力，观察自己的呼吸当然是最好的选择之一。在练习时，当你发现自己没有专注于自己的呼吸，脑子里开始出现不相关的想法时，恭喜你，你已经向前迈进一步了，因为这表示你注意到自己的心思飘移了。

接下来，重新将注意力放到自己的呼吸上。如此反复进行练习，每天只要练习五到十分钟，持续练习一段时间后，我们就会发现自己保持专注的时间渐渐变长，心思也不会经常飘移。那时，就表示我们的专注能力有了明显的提升。同时，我们在其他方面，如看书、运动等方面的专注力，也都会随着提升。

所以，大家每天用五到十分钟时间，来练习一下，看看有没有效果吧！

越是禁止，越想去做！

——白熊效应

小新的生日快到了，他特别想要最新款的VR游戏机，就和妈妈讨论要什么生日礼物。

　　"妈妈，我的生日快到了，能不能给我买那个最新款的VR游戏机作为生日礼物呢？"

　　"可以啊。不过马上就要期末考试了，还是先集中精力准备考试吧！"

　　"但是我现在就想要，我会好好准备考试的！"

　　"小新，还是在期末考试考了好成绩再买吧！"

　　…………

　　"好吧，那先不买了，先好好准备考试吧。"虽然小新一直这样告诉自己，但是他还是无法停止想起玩VR游戏机时开心的感觉。

如何才能不想它

我们可以经过反复练习记一件事物，把它记得牢牢的。但是反过来，想把一件已经记住的事情忘掉，会比较容易吗？这其实也是很难的！

一般情况下，我们不但不能把已经记住的事情轻易地说忘就忘，甚至你越是告诉自己要忘记一件事情，偏偏越无法忘记它。这种特性被称为"白熊效应"。为什么会这样呢？

美国心理学家丹尼尔·韦格纳（Wegner）在1987年做了一个实验，他将参加实验的参与者随机分到三个组，并给这三组分派了不同的任务：先告诉第一组的人"不要想到白熊"，五分钟后再告诉他们"请想白熊"；对第二组的人，是先告诉他们"请想白熊"，五分钟后再请他们"不要想到白熊"；对第三组的人，则是先要求他们"不要想到白熊，万一想到白熊时，请想红色的汽车"，五分钟后，再告诉他们"请想白熊"。所有参与实验的人要是想到白熊的话，都要立刻按铃一次，用按铃次数来测量他们想起白熊的次数。

实验的结果很有趣：越是不准他们想白熊，他们越是忍不住想起白熊！

被告知不要想到白熊的人，反而无法压抑自己想起白熊的念头，按铃的次数比可以自由想白熊的人的次数还要多。除此之外，第一组的人一开始被禁止想白熊，等到五分钟后可以想白熊时，会出现"反弹现象"，也就是说他们想到白熊的次数会大幅度增加。第三组的人被告知想起白熊时就立刻想红色的汽车，有了这个方法后，他们反弹的现象就降低了，也就是想起白熊的次数会减少许多。

从这个结果，我们知道，当我们越是认真地压抑脑子里对某件事情的想法时，反而越容易想起这件事情，越无法克制住这个想法的出现。所以我们越不想回忆起以前的伤心事，反而越容易想起；失眠的时候越担心自己睡不好，就越容易失眠。此外，当我们越是刻意要压抑，反而会出现相反的效果，使那些我们不愿再想起的想法更加强烈地浮现。

越叫我别做，我就越想做！

英国著名的文学家莎士比亚，在他举世闻名的经典戏剧作品《罗密欧与朱丽叶》中讲述的罗密欧与朱丽叶是一对深深相恋的情侣，但是因为双方家族之间有世仇，所以两人的关系遭到百般阻挠和破坏，双方家族的人都逼迫他们分手。但是，这些阻碍没有使他们放弃对方，反而使他们更加相爱。

在中国也有梁山伯与祝英台的故事，同样描述了一对恋人因为家人的反对而让彼此的感情更加坚定。

为什么不被认可的感情，反而会越来越稳固？

1973年，德里斯柯尔（Richard Driscoll）、戴维斯（Keith Davis）和利佩兹（Milton Lipetz）三位心理学家通过问卷调查，询问情侣之间对彼此的感觉、感受到对方多少爱、彼此的信任程度，以及彼此父母是否反对这段感情等问题，想了解被禁止的恋情是不是真的会更加坚定。

结果发现确实如此！当彼此的父母反对的程度越高时，这对情侣对他们的感情的满意程度就会越高，正如罗密欧与朱丽叶一样。因此这个研究的结果就借用了莎士比亚的经典戏剧名来形容："罗密欧与朱丽叶效应"。

如果恋人们的父母对恋情的干涉越多，双方就会越珍惜彼此的感情，反而会使感情进展得更加稳固和迅速，这种效应并不是只出现在感情里，也会发生在我们日常生活中的许多小事情上。例如当我们很想吃冰激凌，却被父母以健康为由禁止吃时，会使我们对冰激凌的渴望更加强烈，使我们更想吃冰激凌。所以，对于被禁止、难以获得的事物，在人们的心目中地位更重要，价值也更高。

这也是"白熊效应"的体现，越是禁止去想的事物，人们就越难忘记它。没错，这就是人的天性！

"罗密欧与朱丽叶效应"除了因为"白熊效应"会使人不由自主地想起被禁止的事情之外，还有一些其他的心理因素，例如当人们被迫做出自己不喜欢的选择时，会产生一种抗拒的心理，使他们偏偏要做出相反的选择，并对自己所选择的事物感到更加喜爱。另外一种观点则认为，人们天生就不喜欢受到他人的限制，当人们选择的自由受到限制时，心里会产生不舒服的感觉，如果人们从事被禁止的行为，就可以缓解这种不舒服的感觉，所以人们会采取反抗的行动，争取自己的自由。

这样看来，人真是天生有逆反心理啊，让我们忘记却偏偏记得牢牢的，不让我们做却偏偏想去做。

那么，我们该怎么避免"白熊效应"的影响呢？别担心，在刚才讲的实验中就有解决办法。

当不让受试者刻意不想白熊时，他们实际想到白熊的次数反而比较少，所以当我们不希望想起某件事时，最好的方法是不刻意拒绝想起它，但也不主动去想，就算想到也没关系。

除此之外，实验中也发现，让受试者可以用想起红色汽车来取代想起白熊，也能够减少反弹的效果，想起白熊的次数会减少。所以，如果发生了考试没有考出好成绩、被老师或父母批评了这类令人有挫败感的事，不用刻意压抑自己内心的痛苦，如果想哭就好好痛哭一场吧！也可以找点其他的事情做，转移自己的注意力，这样也能够让我们早点走出不愉快的心情。

那么，面对被禁止的事情，我们该怎么办呢？在学校或班级里，常常有许多校规或班规，有的时候反而会有相反的效果，禁止学生从事某种行为，学生就越想去打破这个规定。其实，一味的禁止反而无法发挥太大的功效，会使学生想打破这个规定。因此，通过沟通和适度地放宽限制，让孩子了解为什么制订这些规定，为什么这些行为会被限制，甚至让他们拥有替自己做决定、自己为自己制订规则的机会。当他们面对自己参与制订的规则时，一般会比较愿意遵守这些规则。毕竟这些规则代表了一种承诺，如果我们自己觉得这些规则是应该遵守的，就会有更好的效果了！

奖励越多，就会表现越好吗？

——奖金与压力的杠杆原理

给一个人的奖励越多，他的表现会不会越好呢？学校老师会以积分的方式激励学生有更好的表现；父母可能会用你最想要的玩具来激励你考出高分；工作后，领导则用额外的奖金来鼓励员工做出业绩。

我们在生活中可以看到许多这种以奖励来激发人表现得更好的情形，这种方法往往也非常有效。我们很自然地认为当奖励足够大时，人的表现肯定会更好，所以十万元的奖金比两千元的奖金更能激励人，一辆汽车的奖励效果要胜过一辆自行车的。

但是奖励越多，我们的表现真的就一定更好吗？心理学家发现这并非我们想得那么简单！

颠覆预期的结果

心理学家最常采取的方式就是观察生活，并从人际互动的细微差异来验证，或是针对社会上流行的时事来反思其背后原因。这些调查结果往往会颠覆我们原先的预期，我们会发现经常会产生许多意外的结果，甚至和我们的直觉完全相反的情况！

美国麻省理工学院心理学及经济学家丹·艾瑞利教授（Dan Ariely）从生活时事中延伸出一项有趣的研究。约在2008年时，全世界都发生了金融海啸，许多知名的投资机构毫无预警地倒闭，导致成千上万家庭的毕生积蓄瞬间化为乌有。在这样的悲剧之下却隐藏着一个奇怪的现象：那些破产或倒闭机构的首席执行官们表现得差劲透顶，但他们却始终领着丰厚的薪水。按理来说，那些领着超高薪水的人应当是表现得最好的，但事实并非如此，他们的错误决策造成了全球经济的大崩溃。因此，艾瑞利教授决定展开一连串的实验，想深入了解其背后的原因。

艾瑞利教授所做实验的目的是观察不同程度的奖励（高、中、低）会产生怎样的表现（好、坏）。如果依照我们先前的直觉，应该是奖励越高，表现越好，但是我们从金融海啸中所观察到的现象与我们直觉中的有很大不同。因此，做实验是厘清这个矛盾的最好方法之一。

有关奖金的实验

当实验参与者到达实验场所后，艾瑞利教授把他们分到三个可获得不同金额奖金的实验组。高等奖金组可获得的奖金相当于参与者五个月的工资（约为人民币2000元；他们选择到印度乡村做实验，那里人均月工资约为人民币400元）；中等奖金相当于他们两周的工资（约为人民币200元）；低等奖金则仅相当于参与者一天的工资（约为人民币25元）。

接着，艾瑞利教授通过给参与者分配一些任务，来分辨他们的表现如何。任务从最简单的只需动动手就可完成的到较难的需要他们用大脑进行思考的都有，例如用木棒把球滚上小斜坡、做一些记忆数字的游戏，或者需要使用更多脑力的迷宫任务等。大家要做的任务其实是随机分配的，只是会依照一开始被随机分配到的高、中、低等奖金组来分配奖金。

实验结果出乎大家的意料，被告知表现好的话得到的奖金越高，越会影响参与者的任务表现状况，不论他们做的是只需要简单利用双手就可完成的任务，还是需要使用脑力的记忆性的任务都是如此。表现最差的，反而是那些有机会得到最高金额的参与者！

藏在奖励背后的秘密

这样令人出乎意料的结果或许可以说明金融海啸中的怪象，那些受到超高奖金激励的投资公司首席执行官们，却因为奖金太高而影响了他们的表现。但是这到底是为什么呢？

艾瑞利教授对此现象做出了推论，他认为正是因为奖金太高，给了那些人过多的压力，当他们意识到自己有可能拿到如此丰厚的回馈时，会同时产生压力，提醒自己一定要表现好，否则会失去很多。这样的压力会让那些有机会得到高额奖金的人表现失常，甚至表现得更加糟糕。

另外，也有学者提出了压力与表现之间关系的理论，他们认为：当给予一个人适当的压力时，确实能够激发他们更好的表现，不过当压力太大时，结果反而会完全相反，变得比没有压力时的表现还要糟糕。

因此，那些顶尖投资公司的首席执行官以及印度乡村的实验参与者，在有可能取得高额奖金时的表现会如此糟糕，背后的原因或许正是因为奖金太高而带来的巨大心理压力。

了解了上述的结果及推论，我们应当明白，在一个组织或团体中，如果自己是那个发奖金的人，请记得给予奖金固然是激励的方式之一，但千万不要以为增加奖金就必定可以激发更好的表现，因为这反而可能给员工带来太大的压力。毕竟如果一个人被告知他可能会因为表现出色而得到100万元高额奖金，与得到1000元奖金相比，心中的压力是非常巨大的，光是害怕自己因为不慎出错就会失去100万元的那种小心翼翼，就可能会影响他的表现。

换个角度，如果我们面对高额奖金的激励，如何减轻自己的压力，维持一贯的表现呢？唯一的方法就是试着让自己不要太在意奖励的得失。所以我们在学习或完成任务时，即使面对高额奖励，也要记得那些只是"额外"的奖励，并不是自己必然会得到的，也不是理所当然该得的，专心地做自己应该做的事情就行啦！

动力究竟何在？

我们学习或工作的动力是什么？传统的观点认为是获得报酬或者快乐，其实都不是。似乎能够激发我们的，是我们自己的不断进步，是我们知道自己工作或学习的目的何在。艾瑞利教授也在研究，究竟哪些让人意想不到的微妙因素可能会影响我们的工作或学习态度。

是什么让我们心甘情愿地每天工作或者学习呢？艾瑞利教授通过"西西弗斯情境"，使我们看到了我们从来没有考虑过的因素。

西西弗斯情境

西西弗斯是希腊神话中的悲剧人物，他触犯了众神，众神为了惩罚西西弗斯，便要求他把一块巨石推上山顶。但是由于那块巨石太重了，每次快推上山顶时它就会又滚下山去。于是，西西弗斯只能不断重复、永无止境地做这件事——诸神认为再也没有比进行这种无效、令人无望的劳动更为严厉的惩罚了。西西弗斯的生命就这样在一件无效又令人无望的劳作当中慢慢消耗殆尽。

设想一位画家处于"西西弗斯情境"中，他的任务是每天完成一件作品，按天给他支付报酬，但是，每天结束时，他的作品就会在他眼前被立即销毁。在这种情境下，这位画家工作的动力一定会大打折扣，会否定自己工作的意义：即使拿到了报酬，也会认为自己的工作都白费了。

所以，"西西弗斯情境"告诉我们，人们工作的动力，其实是来自对自己的工作的意义与成果的肯定。

日常生活中，人们的这种心理被广泛运用于各个方面。有一家著名的连锁家具店叫宜家（IKEA），宜家卖的家具质量一般，而且需要买家花很长时间自己组装，却不妨碍它在全球受到追捧。其中的一个原因就是人们花费了精力将家具组装好，将其看成自己的劳动成果，从而提升了自己对家具的满意度。

现在，我们来回想工作或者学习的场景。很多人想学好英语，却总是半途而废，背单词只能背到单词表里以a开头的字母，听听力也只能坚持听两三天。其实，他们也陷入了"西西弗斯情境"中。"每天都背单词，怎么一点进展也没有啊？""每天听那么多句子，为什么考试时还是听不懂啊？"他们可能在没有看到自己努力的价值时就已经放弃了。

要是在工作或者学习中能够准备一个记录本，让我们看到自己每天都付出了什么，每天对自己的劳动成果做出肯定。当你觉得坚持不下去时，翻一翻自己的记录，就会发现自己已经坚持了那么长时间，涓涓细流就要汇成海洋了！

读书
——
笔记

吃饱睡好
精神好
Part 1

面对社会
你我他
Part 2

如何记忆
最轻松
Part 3

你说的与
我想的
Part 4

打造正向
的世界
Part 5